U0303542

《中国博物学评论》编委会

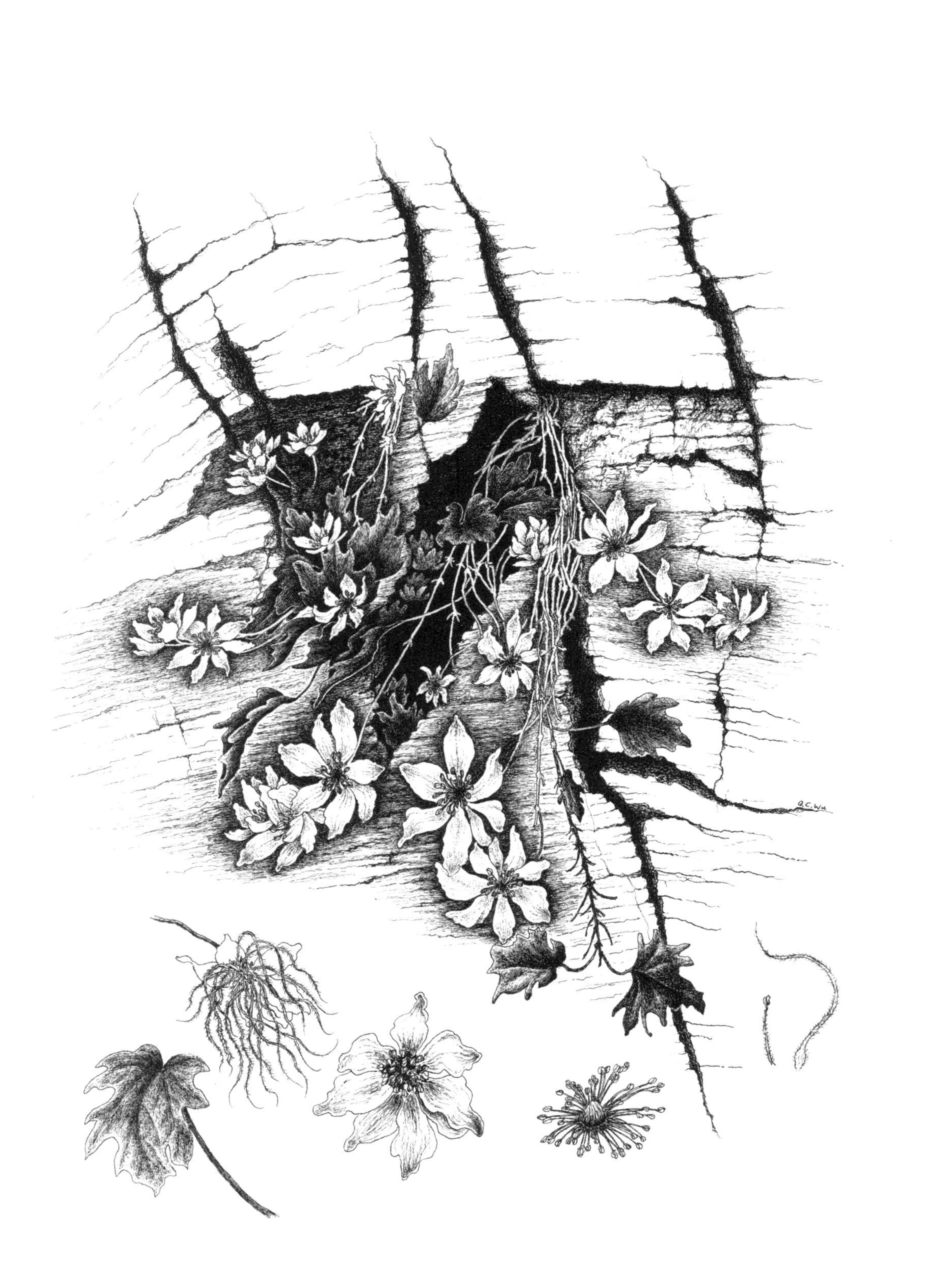
Q.C.Wu

中国博物学评论特辑

回归生活的博物绘

Natural History Drawings
Returning to the Lives

刘华杰　李聪颖　主编

图书在版编目（CIP）数据

中国博物学评论特辑：回归生活的博物绘 / 刘华杰，李聪颖主编 . —北京：商务印书馆，2024
ISBN 978-7-100-22831-2

Ⅰ. ①中…　Ⅱ. ①刘… ②李…　Ⅲ. ①博物学—中国
Ⅳ. ① N912

中国国家版本馆 CIP 数据核字（2023）第 156134 号

中国博物学评论特辑
回归生活的博物绘
Natural History Drawings Returning to the Lives
刘华杰　李聪颖　主编

商 务 印 书 馆 出 版
（北京王府井大街 36 号　邮政编码 100710）
商 务 印 书 馆 发 行
北京新华印刷有限公司印刷
ISBN 978 - 7 - 100 - 22831 - 2

2024 年 2 月第 1 版　　开本 787 × 1092　1/16
2024 年 2 月北京第 1 次印刷　　印张 12¼
定价：135.00 元

目 录

编者按……i
绘图者简介……I—XI
博物绘画作品……1—173
索引……174

编者按

博物绘画（natural history drawings，简称博物画）历史悠久，从早期的岩画到近期的物种科学画都算博物画，摄影术的出现和普及并没有完全取代这类传统绘画。按此约定，自然物的科学画只是广义博物画的一类，当然非常重要。近几百年中科学画借助于近现代科技而迅速发展，既辅助科技的发展也提升着人类的审美。可是无论它怎样重要，也不能据此而忽略其他形式的博物画。当全球范围动物志、植物志、菌物志编写、出版得差不多时，科学意义上的博物画便开始走下坡路，一个重要标志是相当一批创作者开始失去“岗位”。

在公民博物学复兴的新形势下，博物绘画获得某种新生；不是简单地回到从前，而是在吸收、借鉴前面经验的基础上前行。中国的博物绘画如中国的地方性认知、中国本地科学一般，自有其特色，不宜夸大也不宜贬低。

《中国博物学评论》开设博物绘画栏目，尝试推动创作丰富多彩的“回归生活的博物绘”作品。近些年从事相关创作的年轻人开始多起来，创作者应适当注意如下几点：

（1）选题尽可能有个性，不宜大家都来画蝴蝶兰、郁金香、月季、石榴等一般性的主题，应从实际条件出发，优先选择本地有特色的野生物种、生态来绘制。在绘画作品比赛中，选题通常是成功的关键，却往往被忽视。

（2）视角可更加多样化，建议多绘制细节图、解剖图，不宜都画标准的正视图。同一页面可以采用变比例尺的方式来表现对象的不同部分、结构。

（3）绘制作品的时间、地点及对象的名称要尽可能记录清楚，尽可能同时记录地方名和学名。

（4）创作者宜仔细观察并查阅有关资料，研究清楚对象的分类学特征，在此基础上创作，不宜单纯根据少数照片来绘制。

（5）鼓励绘制与大自然有关的连环画、讽刺与幽默画、生态系统画等。

（6）鼓励逾越门户之见，推陈出新。

为推动中国博物绘画创作与交流，《中国博物学评论》编委会特邀李聪颖女士帮助策划、征集了这组博物画作。作品以作者姓名拼音升序排列。今后还将征集自然笔记绘画专辑。

2022 年 3 月 29 日

绘图者简介

陈东竹　退休前一直在国企从事财务审计工作。2014 年 9 月参加北京市朝阳区劲松老年大学组织的绘画学习班，学习并临摹植物科学画泰斗曾孝濂《云南百花图》和《云南百鸟图》中的绘画作品。2018 年 11 月参加“LIAN”博物绘画发展中心蒋正强主讲的“LIAN 博物绘画提高班”。作品《素描月季花》参加 2019 年在河南南阳举办的“世界月季洲际大会暨第九届中国月季展”。作品《紫藤》入选“LIAN”博物绘画巡展 2020 年湖北特展“品鄂风华：影响世界的中国植物”。作品《罂粟》入选“2021 自然与艺术：保护生物多样性全球艺术大赛”。

陈海瑶　植物学专业硕士研究生，研究方向为马先蒿属的系统分类与演化。热爱自然与艺术，本科期间开始喜欢博物画，为《园林植物基础》以及一些新种论文绘制了科学画插图。读研期间积极参与科普工作，绘制了校园植物地图，参加“春分工程·青少年科普专项行动”，为青少年普及科学画知识，并在网络上发布了许多博物画绘画视频，希望让更多人了解博物画、欣赏博物画。

陈丽（地衣）　上海陈丽教育科技工作室创办人。2019—2024 年世界自然基金会（WWF）环境教育注册讲师，全国首届自然教育培训学员，上海“根与芽”志愿者、上海自然导赏班优秀学员、上海科学绘画与博物精品绘联合发起人与负责人。长期与上海的教育系统、政府机构、社区及多家自然教育机构合作，联合发起并组织了三届上海科学绘画与博物精品绘公益沙龙；2021 年 3 月发起“地衣有约”自然笔记、博物绘画与科学绘画系列公益分享活动。擅长自然教育与环境教育课程设计、自然笔记与科普绘画辅导，多次带领学生参与自然笔记与“环球自然日”科普绘画比赛，屡获佳绩。作品《我的野生动物朋友》选入 2020 年“地球一小时”活动海报；参与绘制《丛林中的一百万种邂逅》插图；自然笔记作品被选入《长三角城市野花 300 种》《蝶蛾探究宝典》等。

陈丽芳（拾落） 自小在海边父母工作的农场长大，与花鸟鱼虫亲密接触，留下许多美好记忆。大学攻读环境艺术设计专业，毕业后去过多地支教，在多个自然保护区做过志愿者。因为在鞍子河自然保护区的一段志愿者经历而开始绘制博物绘画，一些作品得到奖项肯定和展馆收藏。2020 年回到鞍子河开始山居生活，在山中感知四季，用画笔记录自然万物。

陈梦澜 美术学（师范）专业，油画方向，毕业后从事美术教育工作，开始更深入地接触水彩。2016 年 9 月参加江苏如东观鸟活动，开始用画笔记录观察到的“萌啾”。2020 年为《中国国家地理》杂志绘制“春彩叶”插画。

陈钰洁 浙江大学风景园林专业研究生，园林景观工程师，就职于杭州植物园，参与各类花展、庭院的规划设计。热爱自然，擅长彩铅、素描，曾参与绘制《杭州植物志》封面。担任过第二届至第四届浙江省中小学生自然笔记大赛导师。作品曾入选第十九届国际植物学大会植物绘画大赛，参加“LIAN”博物绘画全国巡展、植物艺术全球联展、生物多样性博物绘画展、南阳月季画展等。作品《月季：平湖秋月》参加 2019 年世界园艺博览会并获优秀奖。2021 年多幅“珍稀濒危植物”作品参加上海植物园华东地区珍稀濒危野生植物展，作品《玫瑰》在“和美地球、文旅云南”生物多样性美术大赛中获优秀奖。

戴越 现居青海省西宁市。悦己图文工作室创始人。曾有过在政府工作的经历，后转行成为律师。一次偶然的机会拿起画笔，就像开启了一扇专属自己的大门，从此找到了毕生追求的事情。在创作的过程中，家乡是绘画灵感的来源之一。喜欢无目的地游走在青藏高原，体验这里独特的自然之美，然后用绘画与文字的形式将其记录下来。参与绘制插图的书籍包括《家住三江源》《青海刚察沙柳河国家湿地公园自然教育》《走进祁连山国家公园》《祁连山下我的家》《青海湖畔我的家》及《纷繁版纳》之《不动的爱恋》儿童科学绘本绘图。作品《久治绿绒蒿》《辐状肋柱花》等被《嘉卉：中国百年植物绘画》一书收录。

党龙虎 1998 年毕业于西安美术学院中国画专业，从事图书杂志设计插画 20 余年。陕西美术家协会会员，莲湖区美术家协会理事，陕西漫画研究会理事。喜欢动物，也喜欢画动物。曾荣获《中国国家地理》杂志举办的插画大赛二等奖、Painter 插画大赛亚洲区二等奖，主绘的《动物美绘翻翻书》获2019年陕西省优秀科普作品奖。

董惠霞　从小喜欢花卉，2015年开始自学绘画植物，对植物科学画有了更深的认知。为多名植物专家发表的植物新种绘制墨线图多幅，并在《森林与人类》杂志上发表作品。

胡冬梅　北京林业大学生物学院高级实验师，一直从事本科实验教学工作。致力于生物绘图30余年，不断探索、研究植物墨线图的画理、画法，为各类学术专著、高等教材、科研、科普等创作植物绘图六千余幅。同时针对本科生开设了“生物绘图技法”课程，根据林业特色，培养将博物学绘画科学与艺术完美结合的爱好者。

黄智雯　上海开放大学艺术系教师，首届上海高校艺术与设计教学竞赛优秀青年教师，“LIAN”博物绘画发展中心签约画家。作品《娇艳欲滴》荣获2019年北京世界园艺博览会月季手绘竞赛银奖、世界月季洲际大会优秀作品；作品《歪头凤梨》为浙江自然博物馆永久馆藏；多幅作品参加2021年上海国际博物科学绘画展。

蒋正强（风暴云）　自幼喜好美术。本职工作为游戏原画师，工作之余喜好尝试不同类型的创作，电脑绘画和传统绘画都有涉猎。2015年开始接触博物画，2017年参加了曾孝濂植物画培训班，同年5月，两幅作品《连翘》《大花杓兰》入选世界植物大会植物画展。2018年作品《棕头鸦雀》《朱背啄花鸟》入选国家地理生物多样性作品展。2019年作品《月季红双喜》展出并收藏于世界月季大会博物画展，获得铜奖，同年展出于中国北京世界园艺博览会。

金冬梅　出生于鄂北山区，优美的自然环境造就了从小对自然的热爱。目前从事项目管理工作，工作之余经常逛植物园、“刷”野山。喜欢欣赏植物之美，观察物候现象，以照片、文字、自然笔记和绘画的形式记录自然。

冷冰　生态学博士，主要科研方向为红树植物生理过程及保护。广西自然科普讲师团成员，与阿拉善SEE八桂项目中心、南宁市中小学校外教育活动中心及广西大明山、恩城、黑水河、雅长、弄岗等国家级自然保护区合作，推广自然笔记，开展科普进校园等相关公益活动。喜爱自然绘画，曾绘制《广西鸟类图鉴》封面插画，近期为《小聪仔》（科普版）供稿。

李聪颖（颖儿） 《中国国家地理》杂志社《博物》杂志"草虫春秋"专栏作者、博物绘画师。擅长自然主题的绘画和写作，及相关教育课程的研发。先后为多部博物书籍手绘插画，作品经常参加国际国内大展并获奖；奔赴全国各地讲课，传播博物手绘和自然笔记创作，以豪爽健谈的个性，颠覆传统画家形象。

李娜（木青） 木青为艺名，因为主要画国画花鸟，木之青青，有郁郁葱葱、草木昌盛之意。从小喜欢画画，喜欢花草。相信万物有灵。高中学习过素描和彩绘，本科专业为艺术设计。毕业后曾从事设计工作，2012—2015 年在一所大专院校做设计讲师。2014 年作品《藕花深处》入围第十二届全国美展辽宁省优秀美术作品展。2017 年作品《初夏》入选辽宁省第三届工笔画展。2022 年决定专职画画，师法自然，力求形神兼备，画出自然之美，也表现自己的内心世界。

李涛 2021 年毕业于电子科技大学通信工程专业，画画是从小到大的业余爱好，喜欢国潮、写实等风格的插画。

李小东 自然插画师，昆虫、观鸟爱好者，曾获得首届《中国国家地理》自然大赛手绘银奖，多次参加国内自然博物画展，完成多本自然类图书插画创作，曾担任自然教育机构的自然笔记教师。现致力于自然类绘本和博物类插图创作。

李亚亚 喜欢爬山和旅行，自从 2015 年去了一次青海后，就对自然和荒野产生了浓厚兴趣，并开始用绘画的方式来表达。在关注国内野生动物保护进程的同时，践行环保的生活方式，努力把个人对自然的影响降到最低。也希望可以通过绘画让更多人关注和热爱野生动植物。

梁惠然 毕业于中央美术学院。绘本创作者、自由插画师。喜欢观察自然，绘画风格清新写实。已出版绘本《大苹果》《里与外》《什么果》，与国家博物馆合作出版"儿童历史百科绘本"系列，2019 年出版"共和国脊梁"系列绘本《植物的好朋友：吴征镒的故事》，2021 年出版《纷繁版纳》之《榕树的秘密》。参加"千里之行：中国重点美术院校第六届暨 2015 届毕业生优秀作品展"，同年画稿典藏于中央美术学院美术馆。多幅作品入选第十九届国际植物学大会植物艺术画展等。

廖熹琪 小学语文教师，课余带着学生观察自然、感受自然。自小对绘画和草木深有兴趣，曾跟随老师学习绘画基础、工笔淡彩。近年接触到科学画、博物画，在欣赏曾孝濂、孙英宝、李聪颖等的画作时，越发感受到绘画与自然交融的魅力。

刘兵　本职从事移动通信行业。2017年开始学习铅笔画，2018年参加蒋正强的高级水彩画学习班，2019年参加曾孝濂的西双版纳大师写生班。作品两次入选“LIAN”博物绘画展。喜欢植物画，喜欢研究植物。绘画理念：尊重自然万物，发自本心绘画。

刘恩辉　山西大学在读研究生，研究方向是硅藻群落结构与水环境的相关性。善于用墨线图将看到的植物、动物的整体与细节特点描绘出来。绘制过堇菜属和委陵菜属的所有种。作品《印度眼斑螳》在“重拾自然”公众号上发表。

卢铁英　受家庭影响，自幼喜爱绘画，早年将大部分闲暇放在对绘画的学习与研究中，通过临摹实践，积累了大量绘画经验和技法，退休后在多所公办老年大学任教。机缘巧合拜曾孝濂为师，在植物学绘画领域有了更深的感悟，将丙烯植物科学画充分应用在教学实践中。

罗健才　“90后”在职插画师，“野生”博物绘画师。擅长以多种表现手法绘画，日常专注于写实水彩动物博物画创作。曾参与绘制多本科普书籍插图，目前与广东省林业科学研究院合作创作两栖爬行动物插图。

牛加翼　从小喜欢画画，因此考入北京林业大学风景园林专业，在北京雾霾最严重的几年度过了大学阶段，也因此开始学习环保理念，并转入生态保护方向。目前从事森林保护方向的宣传教育工作，业余时间尝试动植物科普绘画，为《王屋山－眉黛山世界地质公园研学手册》《带你游石林世界地质公园》《祁连山里有仙鹤》等科普读物进行了美术设计并绘制了插画。

庞都都　“明天教室”签约插画师、中国数字艺术教育联盟（ACAA）设计师。作为热爱水彩的插画师，希望大家都能享受漫长而又愉快的水彩绘画过程。

田震琼　1969年生于黑龙江省绥滨县，毕业于原中央工艺美术学院服装设计系。1998年在北京创建“麦田服装设计工作室”，2012年移居云南大理从事植物绘画，2015年在大理举办个人植物画展，2016年参加曾孝濂植物画高级研修班。2017年参加第十九届国际植物学大会植物艺术画展获金奖。曾为《人与自然》杂志植物画专栏供稿，为《森林与人类》《中国国家地理》等杂志绘制生态画和植物画插图并接受《户外探险》《新闻周刊》等杂志和自媒体专访。多次参与NGO组织的保护区生态图绘制工作，参与云龙天池的“自然观察节”并任自然导师，曾任“不一樂乎”田野学校自然导师。

万伟　自然艺术家，“守护荒野”志愿者，水彩老师。微博名“丫丫鱼画画”，公众号名“丫丫鱼画画儿”。出版书籍《水彩时光：丫丫鱼的水彩写生公开课》《水彩时光：丫丫鱼的风景水彩精讲教程》《恋物时光：超简单的水彩小物手绘技法》《水彩时光·致敬大师：用水彩临摹世界名画》。作品参加《中国国家地理》自然艺术展、生物多样性自然艺术展、“12光年”国漫展、意大利法比亚诺国际水彩展、“速写北京”城市速写展，并获得2021年中国野生生物影像年赛自然绘画单元自然栖息地组冠军，以及野生动物组亚军。

汪敏　长期定居北京，退休前一直在出版行业工作。近期主要从事科普图书创作和图书出版策划，2018年策划和创作科普绘本《能源知识绘》（全套6册，中国电力出版社2019年出版）；2021年策划和创作知识绘本《手绘水世界——关于水的博物课》一书（中国水利水电出版社2022年出版）。2009年曾为北京科学技术出版社《中国湿地百科全书》创作全书动植物插画。十年之后，又为半夏所著的《与虫在野》（广西师范大学出版社2019年出版）手绘昆虫插图。2020—2021年疫情期间，专心研习水彩画技法，创作了一组鸟类水彩画作品。

王澄澄　2019年毕业于法国埃米尔·柯尔美术学院（Ecole Émile Cohl）。目前为《西部林业科学》杂志供稿。作品《“衣”然新“藓”3》获得2021年中国野生生物影像年赛优秀奖；作品《枯枝绿意》入选“2021自然与艺术：保护生物多样性全球艺术大赛”。主要通过水彩描绘植物，力求同时呈现美感与科学性，希望能不断提高画技，加深对人与自然关系的思考。

王琴　绍兴市女画家协会与漫画家协会成员，《榧》和《春兰》在英国植物艺术家协会官网、英国皇家植物园邱园画廊展出；作品《石榴》及《水杉》入选“LIAN”博物绘画巡展2020年湖北特展“品鄂风华：影响世界的中国植物”；《鬼吹箫》入选“2021自然与艺术：保护生物多样性全球艺术大赛”；红色人物作品多次在“学习强国”、浙江及绍兴官方媒体平台报道。

王晓东　从小热爱自然，热爱古生物化石及绘画。多次与古生物专业科研团队合作，绘制古生物复原图，还帮助科研单位清理修复古生物标本，平时面向青少年开展云南本土古生物科普活动。2019年成立公司开发古生物相关文创产品，目前为云南大学艺术与设计学院视觉传达设计系外聘教师，创建插画创新工作室。

王浥尘　杭州植物园科技工作者，博物绘画爱好者，自然笔记达人，致力于传播博物绘画。现为英国植物艺术家协会（Association of British Botanical Artists，ABBA）成员，作品《寄生花》《川滇细辛》获得《中国国家地理》2021年中国野生生物影像年赛自然绘画单元植物和真菌组优秀奖，作品《寄生花》在英国皇家植物园雪莉·舍伍德画廊展出，并在“2021 International Juried Art Competition（Landscape）”获得荣誉奖，入选2020英国植物艺术家协会Purely Botanical、Winter Facebook Banner等展览。

吴秦昌　被媒体称为“手绘老人”。曾是一名航空高级工程师，在我国航空制造和外贸岗位学习和工作41年。退休后开始自学素描，2014年起涉足植物绘画领域。截至2022年，户外写生植物花卉画稿累计830多幅。画作曾参加2017年深圳第十九届国际植物学大会画展、2018年植物艺术全球联展（北京站），参加2019年北京世界园艺博览会月季画展并获金奖，参加2020年湖北特展“品鄂芳华：影响世界的中国植物”并作为优秀作品赠送给武汉抗疫模范医生。两次在航空系统和北京植物园举办个人画展，编印画册《墨卉竞妍》。现为中国科学技术协会“科普中国”项目特聘科普专家、中国林业美术家协会副秘书长、中国野生植物保护协会会员。

吴秀珍（出离）　自然插画师，浙江自然博物院安吉馆区生态馆及建德博物馆特约科学绘画师，长期为《中国国家地理》及《博物》杂志供图，圭亚那《2019世界月季洲际大会》邮票特邀画家，画作被多家机构及个人收藏，曾获得2019年中国北京世界园艺博览会手绘月季竞赛金奖。参与绘制《撷芳：植物学家手绘观花笔记》《遗世独立：珍稀濒危植物手绘观察笔记》《弱者的逆袭》《撼动世界史的植物》《原来乔木这么美》《利尔手绘鹦鹉高清大图：装裱册页与临摹范本》等博物类书籍的插图，与果壳网和中粮集团合作《万物记》手账本，现致力于植物、动物、鸟类、昆虫等自然类题材的插图和绘本创作。

熊黎洁　现居南京。理工科毕业，与钢

筋和混凝土打交道。初次结缘博物画是在2009年，被日本江户时期的博物画家毛利梅园的作品深深吸引，埋下了博物画创作的种子，梦想有一天自己也能用画笔画下植物的多姿多彩。在自学了一段时间水彩后，2020年8月开始跟随植物画家刘思华系统学习植物科学画。个人学习绘画和观察自然的所得，见微信公众号“小熊的植物绘画”。

徐榕泽（芥末） 网易LOFTER资深画师，CCtalk水彩课讲师。2015年开始自学水彩，擅长画多肉花卉、风景、美食等，画风偏写实，清新细腻。2017年参与绘制手账图书《多肉温暖我的心》插图；2018年出版首本个人水彩书《水彩多肉手绘与图鉴》；2019年春举办“芥末滋绘小时光”个人水彩历程画展；2020年与清华大学出版社签约第2本个人水彩书。

许宁 野生动物绘画艺术家。自幼接触绘画，后自学水彩、水粉等综合材料绘画，师从父亲许彦博及资深画师曾孝濂。“守护荒野”、西北大学生命科学学院灵长类研究中心、山水自然保护中心、高黎贡自然保护区、四川若尔盖湿地国家级自然保护区、云山保护、“勺嘴鹬在中国”、《中国国家地理》《博物》特邀自然博物画画家。参加2022年8月—2023年1月“原本自然”生物博物画邀请展；绘画作品发表于《美国灵长类杂志》（*American Journal of Primatology*）、《中国国家地理》《博物》《户外》《新疆自然观察指南》《致美若尔盖》及“牧铃动物小说”系列。

荀一乔 博物画画师，2022年成为世界自然基金会注册讲师。2018年为《有毒植物》绘制插图；作品入选2019年“LIAN”博物绘画全国巡展及2020年湖北特展“品鄂风华：影响世界的中国植物”；2019年12月联合成立科学绘画与博物精品绘上海分站，两届交流沙龙主要组织者。

严岚 植物热爱者，兰科植物画家，“LIAN”博物绘画发展中心签约画家。“野兰堂”兰科植物野外科考小队成员。致力于兰科植物及野生花卉绘画创作，擅长写实风格水彩花卉植物画。多次参加国内外绘画赛事并获奖项，多次展出绘画作品。参与多部植物、博物书籍插图创作。

阎菁菁（三月草） 植物爱好者和植物科学画者，喜爱绘制植物微观结构，现居武汉。师从刘思华系统学习西方植物科学画造型基础及高阶课程。2021年两幅水彩植物画作被武汉自然博物馆收藏，目前也在为科研机构绘制用于发表新种的植物科学插图。连续几年观察记录小区野生植物达200种，通过个人微信公众号“草木轻拾”分享。

杨绮　热爱自然与艺术的海关公务员。2016年退休后，师从现代山水画家段浚川系统学习国画山水。行走于雄山秀水进行写生和创作，常常被山水间的生物精灵吸引和触动。2019年开始尝试博物画创作，国画《天坛荣光》入选第二届月季博物画展；墨线图《三千岁寿柏：“九搂十八杈”》入围“2021自然与艺术：保护生物多样性全球艺术大赛”，画作编入大赛优秀作品集；墨线图《槐柏合抱》《软枣猕猴桃》入选“LIAN”博物绘画发展中心中国华北地区特色植物手绘作品线上展，并接受“LIAN”博物绘画发展中心专访。

杨胤　毕业于湖北美术学院中国画系。博物学及博物学绘画爱好者，广东当代国画院理事。自幼对自然充满好奇和喜爱，大学时受到导师和朋友影响，正式开始了解博物学并尝试创作博物画。

叶彩华（桐花桐子）　湖北省黄冈市义水学校语文老师。从教30余年，喜爱侍弄花草、观察自然。2016年开始自学博物绘画，带领学生做自然笔记，创作了很多植物花卉作品，形成独特的绘画特点和风格。2019年水彩画《月在心头》参加南阳月季博物画展和北京世界园艺博览会月季绘画竞赛；《紫花地丁》参加“LIAN”博物绘画全国巡展；2020年三幅水彩作品参加湖北特展“品鄂风华：影响世界的中国植物”；2021年水彩画《大别山兰花》入选“2021自然与艺术：保护生物多样性全球艺术大赛”作品集。

余汇芸（新安鱼）　黄山学院建筑工程学院教师，“LIAN”博物绘画发展中心签约画家。主要从事城乡规划设计与教学工作，业余喜用绘画形式描绘植物、动物之美，并参与自然教育相关教学活动。自2015年始陆续在“黑豹工社”“嘉木解语”等微信公众号连载植物画图文，现已创作植物博物画400余幅。曾多次参加“LIAN”全国联展，作品《粉扇》获2019年北京世界园艺博览会月季手绘竞赛银奖、世界月季洲际大会优秀作品、2021年生物多样性大赛优秀作品。著有教材《空间设计手绘表现图解析》《水彩基础教程》。

曾刚　毕业于武汉大学编辑出版专业，创立“蓓尔出版”和“德芭与彩虹书店”。现居武汉，以自然绘画、科普出版、文创研发、书店运营为主业。凭借作品《鲤》获得由西班牙马德里国家自然科学博物馆和巴塞罗那加泰罗尼亚科学传播协会组织的“Illustraciència 2022年国际科学和自然插画奖”。

张国刚　毕业于湖北美术学院，现任教于湖北大学艺术学院。热爱艺术，热爱生活，热爱自然，擅长油画、水彩。经过对多种绘画材料的尝试，2012 年开始用水彩记录中国原生鱼类，绘制完成一百多种中国淡水鱼图谱，举办过多次个展并参加多个群展；出版绘本《野鱼记》《中国原生鱼水彩绘》《身边的鱼》。《野鱼记》2016 年获中华优秀出版物奖，入选首届“大鹏自然好书奖”；2017 年获第六届中华优秀出版物奖、科技部全国优秀科普作品奖、第七届“‘少年中国’为科技插上文化与艺术的翅膀图书应读作品奖”。《身边的鱼》获 2020 年武汉十佳科普读物，油画作品《我爱的三叶虫》获首届国际古生物日中国主场活动“我身边的化石”科普创作一等奖。在“平凡化石故事·非凡贡献人物”活动中获“非凡贡献人物”提名，被武汉市评为 2020—2021 年武汉市自然教育专家。

张雅慧　风景园林专业研究生，中国科学院华南植物园园艺师，一级花境师。从小喜欢在纸上涂涂画画，大学学习了相关专业美术知识。因工作原因接触植物科学画这一领域，被科学画的严谨所折服，从此开始尝试创作博物画，为植物园相关科普活动和宣传供稿。

张一　毕业于四川美术学院，曾任职于文博系统，也曾在博物馆做讲解，在小学和大学授课。自然观察与博物绘画爱好者。常居成都。生活中保持着对博物学的浓厚兴趣，探访文化遗产，逛各地的博物馆，更新公众号“一休哥博物志”。当然还有深入荒野，拥抱自然。近年因为疫情原因，虽不方便出省、出国，却有了观察身边自然万物的契机。近期多次深入川西考察动植物，目前兴趣集中在横断山区的高山植物与生境。

赵宏　博士，山东大学海洋学院教授，研究方向为植物分类学与药用植物资源学。为中国植物图像库（PPBC）签约摄影师，“全国第四次中药资源普查”山东省专家组专家，“山东草本植物种质资源调查”专家组专家。担任《中国高等植物彩色图鉴》鸢尾科主编、《昆嵛山木本植物志》主编、《中国入侵植物志》第四卷共同主编，并合编《中国植物精细解剖》，主编《植物学野外实习教程》，绘制植物墨线图 1006 幅；为山东博物馆绘制植物科学画 80 余幅。绘画风格和特点鲜明，从植物采集、标本压制、鉴定、植物结构解剖观察、拍摄（含微距）到绘画全部独立完成，所绘制的植物画注重表达专业、信息丰富、形态生动、结构精准。

赵莹　自幼研习国画。中学就读于中央工艺美术学院附属中学，系统学习西洋画，大学就读于北京林业大学环境艺术系，擅长彩铅、水彩博物画、写实水彩画，尤其擅长描绘细腻而丰富的场景。自由插画师、手绘老师、“LIAN”自在博物签约画师。著作有《飞鸟之国》《水彩手绘基础教程：从入门到精通》《彩铅手绘基础教程》《自在飞花》《黑白花鸟集》《水彩技法 100 例》《小清新水彩手绘基础 1000 例》《小清新彩铅手绘基础 1000 例》《水彩基本功：水彩萌新入门自学教程》《小清新水彩手绘插画从入门到精通》《笔下花开》。

钟培星　主要从事林业及菌物方面的科研、教学及科技服务工作。英国植物艺术家协会会员、签约画师。作品曾入选由美国植物艺术家协会（ASBA）发起的“植物艺术全球联展”、英国皇家植物园雪莉·舍伍德画廊的英国植物艺术家协会在线展览、“2021 自然与艺术：保护生物多样性全球艺术大赛”“和美地球、文旅云南”生物多样性美术大赛、“五一”国际劳动节全国水彩粉画画展、“LIAN”博物绘画全国联展等多个画展，曾为教材、植物志、学术期刊绘制插图。

陈东竹　绘图

石榴 *Punica granatum*

千屈菜科（原石榴科）石榴属，树干灰褐色，有片状剥落，嫩枝黄绿色，光滑，枝端多为刺状，无顶芽。单叶对生或簇生，矩圆形或倒卵形。花 1 朵至数朵生于枝顶或叶腋，花萼钟形，肉质，先端 6 裂，表面光滑，具蜡质。花红似火。果期 9~10 月，石榴果肉晶莹艳丽，甘酸生津。

陈东竹　绘图

苦瓜 *Momordica charantia*

葫芦科苦瓜属，一年生攀缘状柔弱草本，多分枝；茎、枝被柔毛。卷须纤细，不分歧。叶柄细长；叶片膜质，上面绿色，背面淡绿色，叶脉掌状。雌雄同株。苞片绿色，稍有缘毛；花萼裂片卵状披针形，被白色柔毛；花冠黄色，裂片被柔毛；果实纺锤形或圆柱形，多瘤皱，成熟后橙黄色。种子长圆形，两面有刻纹。花、果期 5~10 月。

陈东竹　绘图

芍药 *Paeonia lactiflora*

芍药科芍药属。喜欢温暖湿润的气候，喜欢充足光照和肥料，有一定的耐寒性。是多年生的宿根植物，具有肉质茎，高 50~100 厘米。每年 3 月萌发，5 月开花，花朵一般单独着生于茎的顶端或近顶端叶腋处。花瓣 5~13 枚，倒卵形，花丝黄色，花盘浅杯状。芍药象征着美丽和富贵，芍药花盛开的时候非常喜庆，寓意吉祥。

陈海瑶　绘图

油桐 *Vernicia fordii*

大戟科油桐属，中国特有植物，也是重要的工业油料植物和药用植物。山野的油桐开花时，树上仿佛落了一簇一簇的雪花，为四五月的山林增添了一抹白色的浪漫。因为油桐开花的时间在春末，故有诗曰："客里不知春去尽，满山风雨落桐花。"当油桐花被雨水拍落在地上，泥土地盖上一层白色锦缎时，就意味着春天即将离去，夏天马上要到来了。

陈丽（地衣） 绘图

羽扇豆 *Lupinus micranthus*

又称鲁冰花。其总状花序像一座宝塔，旗瓣和龙骨瓣的色彩丰富多彩。在雨中俯身平视羽扇豆，它的指状复叶也很特别，衬托着挺拔的花序，充满了生命力。第一次尝试画这样排列复杂的花儿，绘画过程中有挑战，但仔细观察变幻莫测的细节，也别有乐趣。

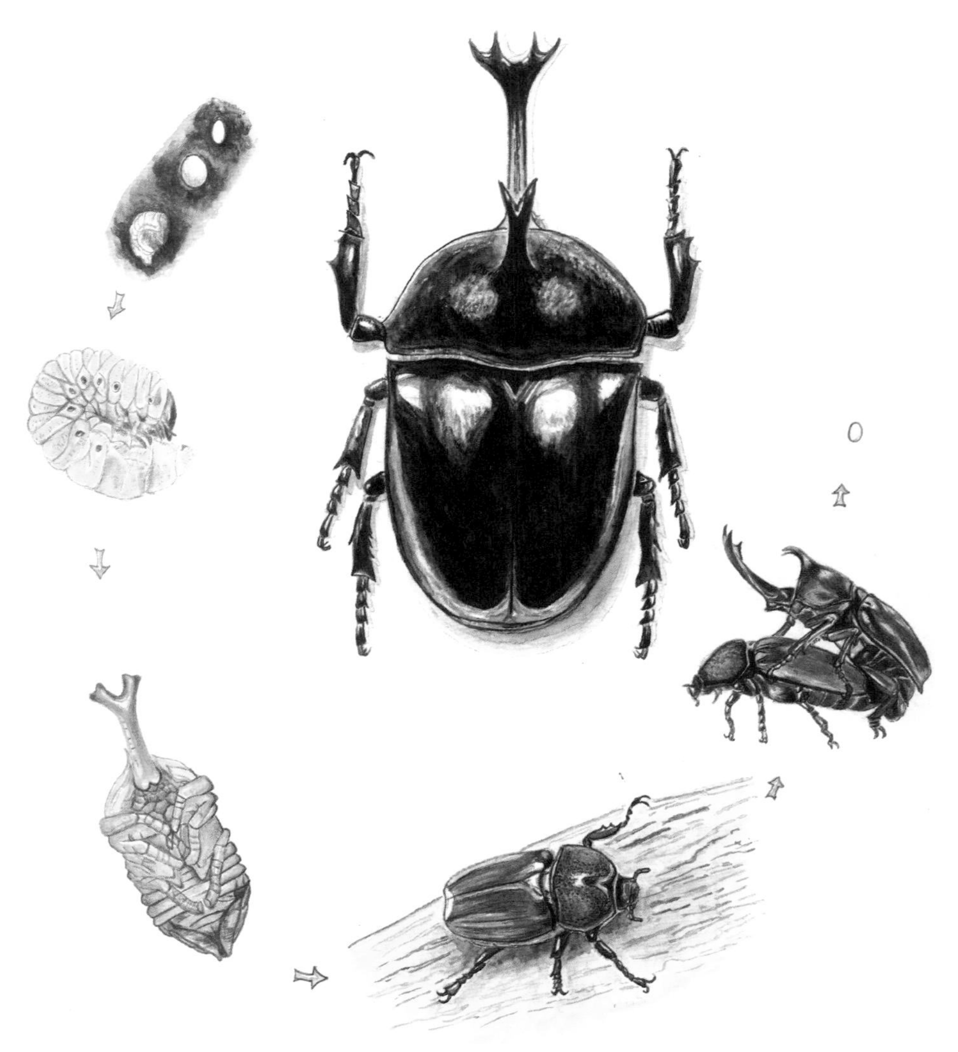

陈丽（地衣） 绘图

双叉犀金龟 *Allomyrina dichotoma*

犀金龟科叉犀金龟属，雌雄异型。发育经过受精卵、幼虫、蛹与成虫四个时期。昼伏夜出，有趋光性。印象中正式与它们见面是 2018 年在上海浦东的一次夜观活动，与友人们一起专程前去寻找它们的踪影。在路灯边的一棵树上，发现了多只。后来出于偶然的机缘，一位虫友提供了双叉犀金龟的卵和幼虫的珍贵资料，希望我画一幅作品。思考再三后，我决定创作一幅它的生命周期图。

陈丽芳（拾落）绘图

『飞翔天橙』百合 *Lilium brownii* var. *viridulum*

“飞翔天橙”是它的品种名。这次用花、叶、球根和特写去展示不同部位，多角度展现百合的美。花朵中间的斑纹是在向昆虫传递讯息——里头有花粉，真是有智慧呀。地点：江苏省溧阳市树头岗村。

陈丽芳（拾落） 绘图

齿叶灯台报春 *Primula serratifolia*

寒冬时报春的花苞就已经在白雪之下。3 月山中的风还带着寒气，水杉林下报春花突破层层的落叶，带来春天的讯息。地点：四川省崇州市鞍子河自然保护区。

中国旌节花

Stachyurus chinensis

山里早春开的花，一串串挂在枝头，柠檬黄色的花瓣很是醒目。旌节花开，山里就会越来越暖和啦。地点：四川省崇州市琉璃村。

陈丽芳（拾落） 绘图

天麻

Gastrodia elata

2022 年 5 月，村民们发现了绿色的天麻，欣喜之下跑去观看，一直观察到它结果。收集了很多照片。常见的天麻是橙色枝干和黄色的花，绿色的枝干和花确实难得一见。画中同时展现了不同颜色的花和枝干。地点：四川省崇州市琉璃村。

陈丽芳（拾落） 绘图

陈丽芳（拾落） 绘图

野果

包括山莓、胡颓子、空心藨、野草莓。3~5 月山间的野果相继成熟，或是在路边，或是在田埂上，大部分在灌木丛里。从花看到果，除了可以品尝山间的美味，更希望将它们留在纸上。地点：四川省崇州市琉璃村。

长蕊万寿竹

Disporum longistylum

4月万寿竹的花在荒山坡上开得正盛，雨天叶子有些缩卷，花朵却很大方地张开着。凑近闻，有一股淡淡的清香。轻触花朵，想看看里头的结构，遇到一只在花朵里躲雨的绿蟹蛛，真是惊喜！地点：四川省崇州市琉璃村。

陈丽芳（拾落） 绘图

绿海龟

海洋环境越来越不好，海龟常常深受其害。希望海洋恢复清澈，让海龟可以自由徜徉。素材来自其他资料。

陈丽芳（拾落） 绘图

种子的各种形态及色彩充满着智慧，有翅膀的可以飞翔，有钩刺的可以坐“出租车”，有的可以在海里长期旅行，还有的准备了丰富的汁水供动物取食等，最终的目的都是为了让种子传播到更远、更广阔的地方去。不同的组合形式造就种子不一样的智慧。

陈丽芳（拾落） 绘图

现在野生环境破坏越来越严重，很多植物的栖息地不断缩小，华盖木、滇桐、天目铁木、庙台槭、云南蓝果树、百山祖冷杉、广西火桐、绒毛皂荚以及普陀鹅耳枥在野外仅有少许幸存。实地去看了浙江省舟山市普陀山的普陀鹅耳枥。

陈梦澜　绘图

台湾林鸲 *Tarsiger johnstoniae*

初见台湾林鸲是在雾气缭绕的清晨。一只雄鸟张扬地在灌丛和地面上展示着自己绚丽的羽翅，看见我们举起相机也丝毫不惧，淡定地完成自己早间的鸣唱。

『夏洛特夫人』

“夏洛特夫人”是我在“天狼家”买的第一株月季。小心翼翼地种在青山盆里，浇水施肥，看着它抽枝，孕蕾。有幸在它开得最美的时节，用水彩留下那一抹杏黄的倩影。

陈梦澜　绘图

陈梦澜　绘图

台北杜鹃 *Rhododendron kanehirae*

那是一个蒙蒙的雨天，踏着乌来瀑布公园湿漉漉的青砖，远观倾泻而下的纤长瀑布。在山腰的转角处，亭边，盛开着丛丛杜鹃，恣意，灵动。鲜明的颜色透过润泽的空气映入眼中，一眼万年。

陈梦澜　绘图

高原山鹑 *Perdix hodgsoniae*

画了两幅，展现高原精灵不同的姿态。纹理精致，水彩刻画耗时良久。

黑鸢
Milvus migrans

参考素材摄于新疆喀纳斯。这只黑鸢于午后悠闲地在居民住宅上晾晒着翅膀，时不时梳理几下，丝毫不惧人。

蓝鹇
Lophura swinhoii

这只蓝鹇雄鸟是在台湾大雪山森林游乐区看到的最惊艳的鸟种之一。当时雄鸟领着它的后宫佳丽们在停车场附近悠闲地觅食，一步一踱，镇定非常。

雉鸡
Phasianus colchicus

画中的雉鸡观测于北京东灵山，其华丽的翅羽令人折服。2020 年 3 月 4 日绘制完成，历时一个月。

以上均由陈梦澜绘图

怀氏虎鸫 *Zoothera aurea*

陈梦澜　绘图

第一次在中山植物园看见怀氏虎鸫时，它正在药用植物园门口埋头翻找着什么。我蹲下身，半跪着凑近一点，想一窥它正在寻觅的“美食”。哦，是一条蚯蚓。怀氏虎鸫不紧不慢地将蚯蚓拦腰叼住，向地面反复摔打，确定不再动弹后，一口吞下，然后“嘴脚并用”地在枯叶里开始了下一次扒拉。

觅食的照片拍了一组，可惜回去翻出照片来，想用水彩画幅小画时，发现手持拍摄的照片基本上对焦都没有对实，唯一一张基本对上的，构图也很不好。犹豫再三，还是选择画了下来。虽然最清晰的一张照片没能拍到怀氏虎鸫的全貌，导致画面没能画全，从起型到上色，更是接连被怀氏虎鸫的斑点虐了十几遍……但是，完成品还是很让我欣喜。喜欢它的配色，喜欢它低调而精致的羽斑，喜欢它照映了天空的眼。

灰翅鸫 *Turdus boulboul*

低调的配色，精美的纹理，令人过目难忘。

陈梦澜　绘图

多姿麝凤蝶
Byasa polyeuctes

在台湾观鸟时意外地看见樱花丛中飞舞的多姿麝凤蝶（又名大红纹凤蝶），姿态舒展，分外耀眼。

陈梦澜　绘图

陈钰洁　绘图

六角莲 *Dysosma pleiantha*

小檗科鬼臼属。这是我画的第一幅彩铅植物画作品，历时一个月完成。在植物园工作的前几年，都没有好好看过身边的花花草草。直到有一天发现，这种叶子长得像荷叶一样的植物，下面竟然藏着花——换个视角观察植物是这般有趣。六角莲又称山荷叶，也在国家重点保护的野生植物名录中，杭州植物园百草园中有栽植。花期 3~6 月，由于花朵着生在底部，需要蹲下来扒开叶片才能看见。

陈钰洁　绘图

杭州石荠苎 *Mosla hangchowensis*

唇形科石荠苎属。华东地区特有种，也是珍稀濒危植物。虽然茎叶枝干毫不起眼，开花时簇生在枝顶的粉紫色小花却很有野趣。真希望有一天能看见满山开满淡紫色花朵的它。

油点草

Tricyrtis macropoda

陈钰洁　绘图

百合科油点草属。油点草的名字让我奇怪了好久，直到初春看到它的样子才了然。第一次接触油点草是在它的花期，它的花朵长得很奇特，花苞像个火箭炮，蓄势待发，花朵像个小灯笼，洒满了紫红色的斑点。油点草的油点其实在叶子上，但是植物园中花期的油点草不知什么原因并没有明显的油点。直到第二年开春，新长的叶片上才冒出了明显的油点斑块。油点草的生命周期也挺有趣：半年长枝叶，半年花绽放。从 12 月到次年 5 月，它只是默默地生长，静静地储备生物量；5 月到 10 月，二歧伞形花序上，美丽的花朵便不断开放。

玫瑰

Rosa rugos

蔷薇科蔷薇属，灌木。原产我国华北地区以及日本和朝鲜。杭州植物园百草园内有栽植，平日总把月季叫成玫瑰，没想到玫瑰这个正主就在身边。午间休息的时候发现玫瑰开花了，还没来得及靠近，就被它满身的皮刺吓到——“带刺的玫瑰”真是一点也不假。单瓣的花瓣上好多褶皱，叶片上的皱纹就更多了。凑近闻闻，花香淡淡的。

陈钰洁　绘图

陈钰洁　绘图

夏蜡梅
Calycanthus chinensis

中国特有植物，蜡梅科夏蜡梅属的落叶灌木。夏蜡梅原产浙江山地地区，是国家二级保护植物，濒危物种。在杭州植物园的山脚下，种植了一小片夏蜡梅。低矮、喜阴的夏蜡梅藏在密林之下，虽然和蜡梅同科，花期却完全不同：蜡梅腊月开花，夏蜡梅4月中下旬到5月开花。2017年4月，我仔细观察了夏蜡梅的生长，选取花枝、瘦果进行绘画创作。

陈钰洁　绘图

天目玉兰 *Yulania amoena*

天目玉兰是玉兰家族的颜值担当，而且是个急性子，往往开花较早，迫不及待要展现自己的美。每年花开时节，一树星星点点的粉，衬着北高峰黛色的丘陵。走近树下，仰视碧空下满树秀气繁密的粉花，若仙女霓裳。

多齿红山茶
Camellia polyodonta

山茶科山茶属，花深粉红色至红色，色彩艳丽，花径7.5~10厘米，花瓣6~7片，花形别致，枝形婀娜，也是优良的乡土观赏花卉。花期集中在冬末春初，花期较长，从12月开花直到第二年4月初。

陈钰洁　绘图

大王花
Rafflesia arnoldii

大王花是一种肉质寄生草本植物，产自马来西亚、印度尼西亚的爪哇和苏门答腊等地热带雨林中，是目前世界上最大的花朵。虽然曾经去过印尼，但依然无缘得见传说中的大王花。

通过网络搜索与学习，整理了很多资料，最后整合出了这幅：以大王花生长过程为主线，讲述其从花苞到绽放的过程。在绘制大王花时，尽量用丰富细腻的颜色表现其现实状态，而其寄生的树木则采用黑白墨水，以钢笔线条绘画，相对粗犷。

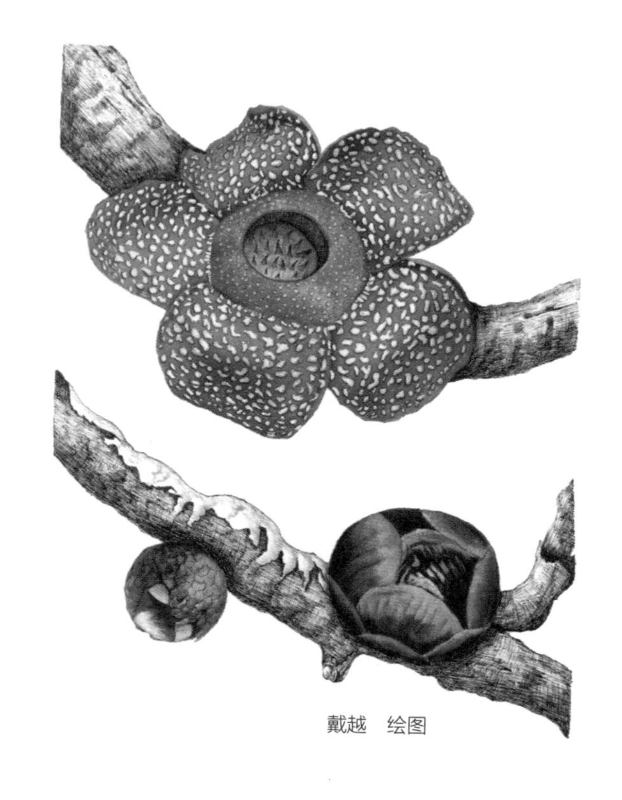

戴越　绘图

多刺绿绒蒿

Meconopsis horridula

戴越　绘图

高原上的蓝宝石，用水彩颜料表现出轻盈的花瓣与叶片上尖锐的刺。

戴越　绘图

兔狲 ***Otocolobus manul***

兔狲呆萌的外表，让它这两年成了“网红”。生活在青藏高原的兔狲颜色偏灰白。它的耳朵也较小，间隔较远，露出一个平坦的头顶。这也有利于它在野外隐蔽：青藏高原的冬天很长，而且缺少高大植物，兔狲凭着“小平头”，冬天在野外捕猎时，常常伪装成石头。作品以水彩和钢笔结合，表达兔狲毛茸茸的质感。绘制过程得到西北高原生物研究所连新明博士的帮助。

戴越　绘图

金雕
Aquila chrysaetos

2018 年在青海省刚察县采风，发现岩石峭壁上有一个巨大的金雕巢穴。巢穴中有两只待哺的雏鸟，大鸟就在离巢不远的上空盘旋。当时由于环境所限，拍摄的影像资料并不多，回来后结合网上的资料，绘制出了这样的画面。意在纪念那日的偶遇，也表达对高原食物链顶端之王者的敬意。

戴越　绘图

君主绢蝶 *Parnassius imperator*

绢蝶对植被类型有很强的依赖性，它们以高寒山区的罂粟和景天科植物为食，奇特的身体构成和生活方式与高海拔环境相适应。在所有绢蝶中，君主绢蝶硕大的身形显得格外抢眼。本作品在青海师范大学生命与地理科学学院陈振宁教授的指导下完成。

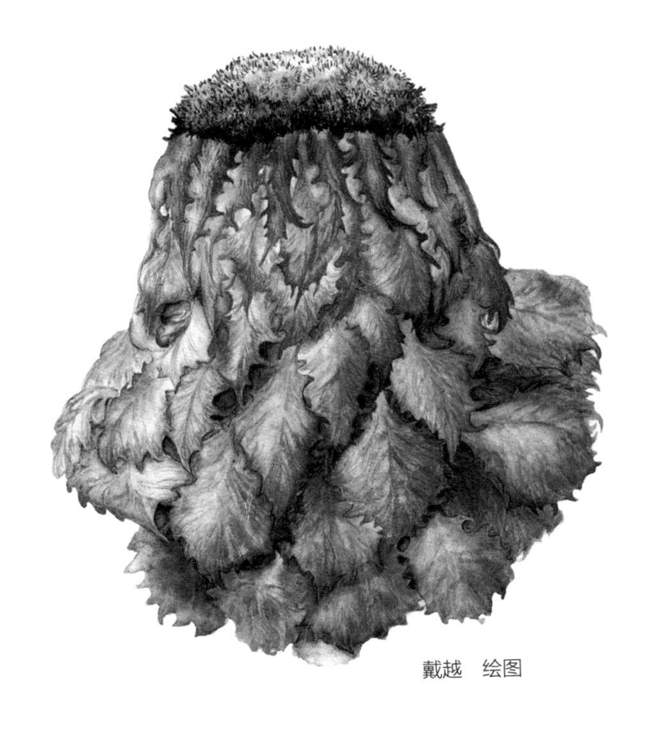

戴越　绘图

水母雪兔子 *Saussurea medusa*

水母雪兔子是国家二级保护植物，通常长在 3000 米以上的流石滩区域。如果你去过流石滩，就会惊叹自然造物的力量。大片绿色的草地在这里停住了脚步，接替它们的是一地锋利的碎石。这种寒冷而且氧气稀薄的恶劣环境下，依然有极少数的生命从石砾的缝隙迸发出来。远看，水母雪兔子真的如同全身长毛的动物趴在岩石间。仔细观察就会发现，这些“绒毛”是叶片的一部分。这个特点很多菊科植物都有，只是它身在高寒地区，“衣服”更加厚实。

戴越　绘图

塔黄 *Rheum nobile*

流石滩上另一种神奇植物。由于流石滩高寒、高海拔的特性，许多植物都极其矮小，唯有塔黄如同一座灯塔高高伫立着。尤其是即将开花的塔黄，有的能长到一人多高，蔚为壮观。其颜色从底部的深绿一直渐变到奶白，真是自然界的艺术品！

每一个巨大的黄白色苞片都像一个玻璃温室，不仅保护着植株，也为这严酷环境下不多的小生灵提供了庇护之所。在绘画过程中，一直想象着这些“玻璃房子”，想表达略微的透明感，因此在调色时用到了几十种黄与绿的组合，最终达到这样的画面效果。

戴越 绘图

仙客来
Cyclamen persicum

仙客来又名萝卜海棠，是园艺花卉里较受欢迎的一种。花朵就像翩翩起舞的蝴蝶，非常可爱。小时候总对它的名字充满好奇，不知“萝卜”从何而来。直到有一次在母亲为它迁盆时看到它的根，才解开了心中的疑惑。

喜马拉雅旱獭
Marmota himalayana

青藏高原的特有种，草原上的长住居民，喜欢群居。它的一个明显特征就是从鼻子到两耳之间有一个“黑三角”区域。主食青草，偶尔也吃一些昆虫。在草原上注意观察，时不时就能看见旱獭从洞中探头或双腿站立四处张望。喜马拉雅旱獭是这里其他食肉动物的食物来源，同时也是鼠疫的重要宿主。但千百年来，它一直跟这里的其他动物和当地牧民保持着平衡和谐的关系。它的毛非常密，总体呈沙黄色，毛尖黑色。作品先使用水彩铺陈底色，然后用彩铅一根根勾勒，最终呈现出画面中的效果。

戴越 绘图

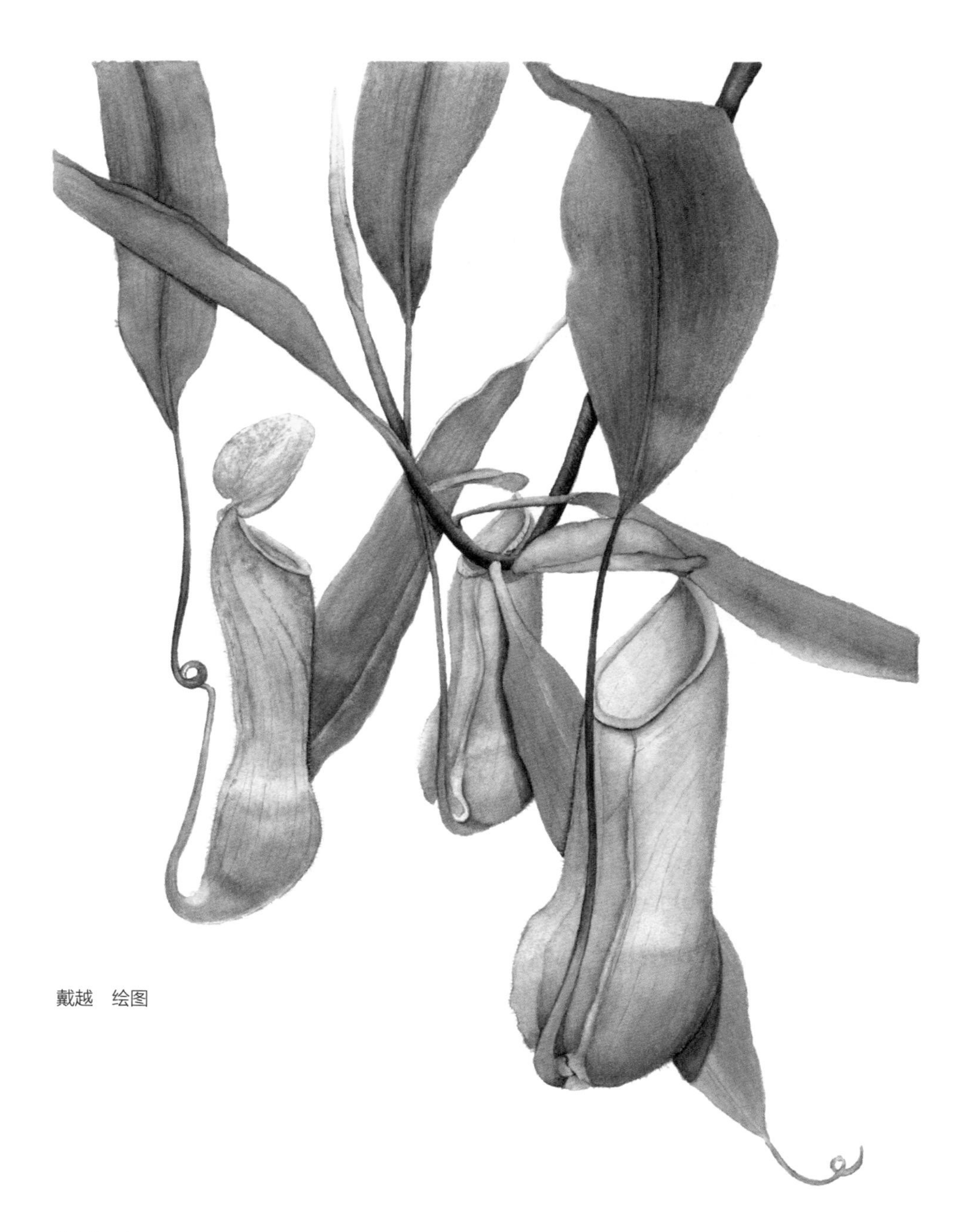

戴越　绘图

猪笼草 *Nepenthes mirabilis*

很小就在书上看见过这种“吃肉”的植物，它能通过守株待兔的方式，给猎物制造出美味的陷阱。猎物一旦陷入，就基本无生还的可能。那时就对这种植物的智慧很是好奇，但身在青藏高原的我很难有机会一睹此类热带植物的芳容。直到近几年随着物流与花卉养殖技术的发展，在花卉市场也能看到它的身影。猪笼草最吸引我的就是它膨大的卷须，所以在绘制的时候，力求表现其特殊的结构，以鲜明的颜色表达出绿色的微妙过渡。

党龙虎　绘图

大熊猫 *Ailuropoda malenoleuca*

大熊猫属于食肉目熊科大熊猫亚科和大熊猫属唯一的哺乳动物。秦岭大熊猫是大熊猫秦岭亚种，也是分布纬度最高的大熊猫种群，种群密度居全国之首。栖息地涉及陕西佛坪、洋县、太白、周至、宁陕、留坝、城固、宁强、凤县 9 个县 21 个乡镇。

花栗鼠 *Tamias*

又名金花鼠、五道眉花鼠、花黎棒、斑纹松鼠。背部有 5 条花纹的小型松鼠。

党龙虎　绘图

秦岭羚牛

Budorcas taxicolor bedfordi

秦岭羚牛又名秦岭金毛扭角羚，为我国一级保护动物。当地人又叫它“白羊”或是“羊子”，肩高 1~1.3 米；尾长 15~20 厘米；重量 250~400 千克。雄性和雌性均具较短的角，角呈扭曲状，一般长约 20 厘米。头如马、角似鹿、蹄如牛、尾似驴，体型介于牛和羊之间，但牙齿、角、蹄子等更接近羊，是一种大型牛科食草动物。秦岭羚牛的前腿长而粗壮，后腿短而弯曲，蹄分叉，这些特点都使它能够适应高山攀爬。秦岭羚牛在每年的 2 月前后产崽，每胎一崽。其生性警觉，听觉灵敏。通常少则十几头，多则四五十头组成羚牛群一起生活。

党龙虎　绘图

朱鹮 *Nipponia nippon*

朱鹮是稀世珍禽，20世纪中叶以来，由于人类生产活动的影响，朱鹮数量急剧减少。朱鹮的性格温顺，民间把它看作吉祥的象征，称为“吉祥之鸟”。朱鹮系东亚特有种，中等体形，体羽白色，后枕部有柳叶形的长羽冠。栖息于低海拔疏林地带，在附近溪流、沼泽及稻田涉水，觅食水生动物，兼食昆虫。在高大的树木上休息及夜宿。

金丝猴 *Rhinopithecus*

中等体形，毛色以金黄色或黑灰色为主。鼻孔与面部几乎平行，俗称“朝天鼻”。

秦岭金丝猴，即川金丝猴秦岭亚种。大多活动在中等海拔山区的针阔混交林地带，过着群居生活，以野果、嫩枝芽、树叶为食。在秦岭山区主要分布在周至、太白、宁陕、佛坪、洋县等地。

野兔 *Lepus sinesis*

成年野兔的毛色比较暗，以灰色、蓝灰色为主，夹杂黄色星点，体背棕土黄色，背脊有不规则的黑色斑点。尾背毛色与体背面腹毛为淡土黄色、浅棕色或白色，其余部分是深浅不同的棕褐色。

以上均由党龙虎绘图

铁筷子 *Helleborus thibetanus*

别名九牛七、双铃草等，为毛茛科铁筷子属多年生常绿草本。早春时节，在还带着寒意的山间，你会看到铁筷子欣欣向荣地盛开着，花瓣状的萼片是铁筷子具有观赏性的部分，颜色会由初开时的粉色，渐渐变成绿色。

董惠霞　绘图

双花报春 *Primula diantha*

报春花科报春花属多年生草本植物，生长于海拔 4000~4800 米多石的湿草地和流石滩上。尽管高海拔的流石滩贫瘠粗砺，却仍然孕育出许多美丽的物种，双花报春便是其一。

董惠霞　绘图

董惠霞　绘图

苣叶报春 *Primula sonchifolia*

报春花科报春花属多年生草本植物，生长于海拔 3000~4600 米的高山草地和林缘。苣叶报春分布海拔较高，喜欢凉爽的气候，植株长得低矮。拉丁属名 *Primula* 有“早春开花”的含义，顾名思义，苣叶报春能在剪剪春寒里，开出一丛丛繁密而又娇美的花朵。

董惠霞　绘图

草莓 *Fragaria × ananassa*

蔷薇科草莓属多年生草本植物。草莓是一种广受欢迎的水果，颜值高，口感佳，营养丰富，闻起来又有一股清甜的香气，除了不耐储运，简直没什么缺点。草莓属于聚合果，所谓聚合果，就是许多小单果聚生在同一花萼上形成的果实，草莓表面那些小颗粒才是真正的果实，鲜红好吃的果肉则是花托膨大发育而成的。

董惠霞　绘图

阳桃 *Averrhoa carambola*

酢浆草科阳桃属乔木，俗名杨桃，广泛种植于热带各地。阳桃作为热带植物，在北方地区的水果摊上，鲜少见到大片摆放。我第一次见到阳桃的时候，被它鲜亮的黄色和蜡质光泽的外表吸引，拿起来，一股清香入鼻，甚是好闻，以为定是好吃的，就买了一些回家。谁知果肉竟是酸涩的，比之其他热带水果差得甚远。后来我才知道，阳桃是分酸阳桃和甜阳桃的，甜阳桃才可生食，“诚告知味人，味在酸酣外”。

苘麻 *Abutilon theophrasti*

锦葵科苘麻属一年生亚灌木状草本植物。苘麻的生命力极为旺盛顽强，小时候经常在城市的角落里看到苘麻蓬勃的身姿。苘麻的果实为蒴果，由十几个分果爿围聚成一个小小的磨盘状。在果实还没有变黑的时候，掰开果爿，里面卧着白嫩嫩的果实，是童年的小零食。印象中好像没什么味道，只是有点香，大约是富含油脂的缘故吧。

董惠霞 绘图

董惠霞 绘图

葡萄 *Vitis vinifera*

葡萄科葡萄属木质藤本植物。葡萄是世界上最古老的果树之一，它的植物化石发现于第三纪的地层中。人类栽培葡萄、酿造葡萄酒的历史很悠久，自西汉张骞出使西域引进葡萄，中国就开始栽培葡萄。《史记·大宛列传》记载汉武帝曾在“离宫别观旁尽种蒲陶、苜蓿极望”，“蒲陶”即葡萄，汉武帝还招来了酿造葡萄酒的匠人。经过不断的培育，如今，世界上葡萄品种有 8000 个以上，中国约有 800 个，可鲜食、酿酒、制干等。

胡冬梅　绘图

春石斛

Dendrboium hybrid

兰科石斛属。特点为株形紧凑、花多、色艳、具香味。绘制于 2020 年 2 月 2 日。

『蓝精灵』报春苣苔

***Primulina* 'The Smurfs'**

杂交后代，多年生草本，莲座状。叶片深绿色，狭长光滑。花序 6~8 条，每个花序 6~10 朵花。耐阴性、抗旱性强，花期 2~3 月，集花叶姿韵于一身，像精灵闪烁于叶丛之中。绘制于 2020 年 4 月。

胡冬梅　绘图

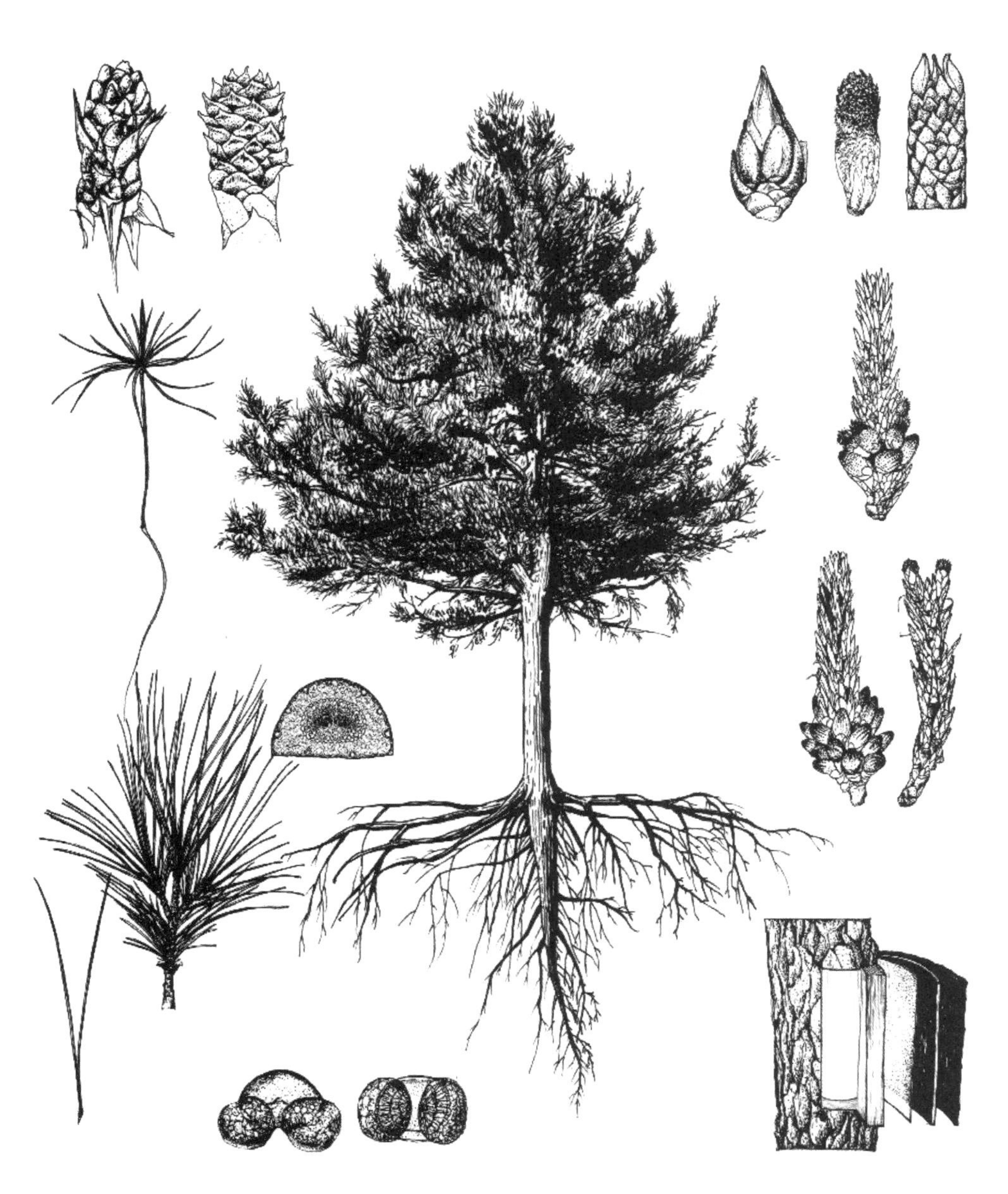

胡冬梅　绘图

油松 *Pinus tabuliformis*

以油松树冠为主图，幼苗、针叶、雄花、雌花、树皮结构、花粉粒、维管束痕等为附图，科学与艺术结合，较为全面地展示了油松的植物特征。绘制于 2021 年 4 月。

油松雄花解剖图

油松雌花解剖图

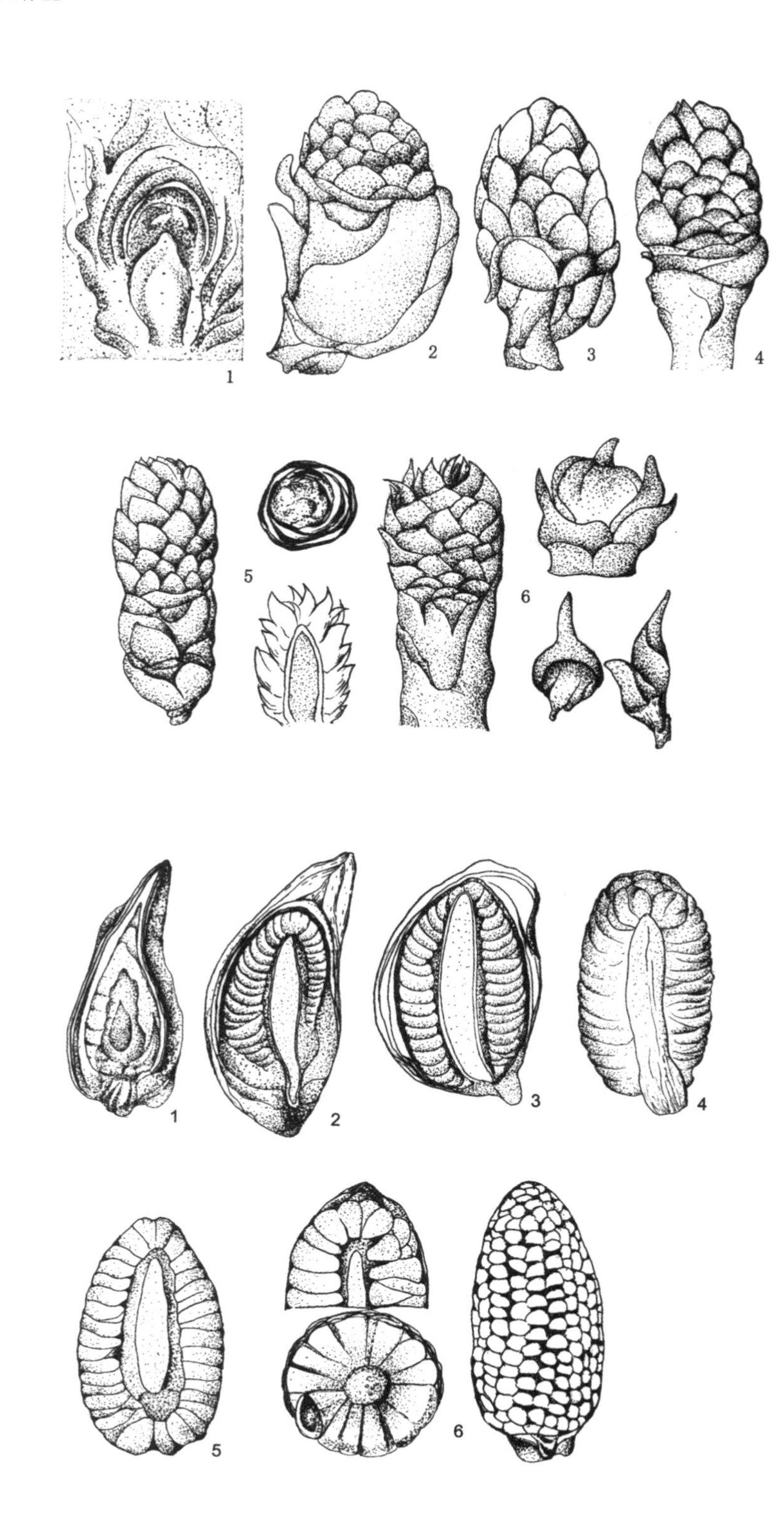

绘图时间长，需耐心细致，并要求符合解剖特征，兼顾科学性与艺术性。绘制于 2021 年。

胡冬梅　绘图

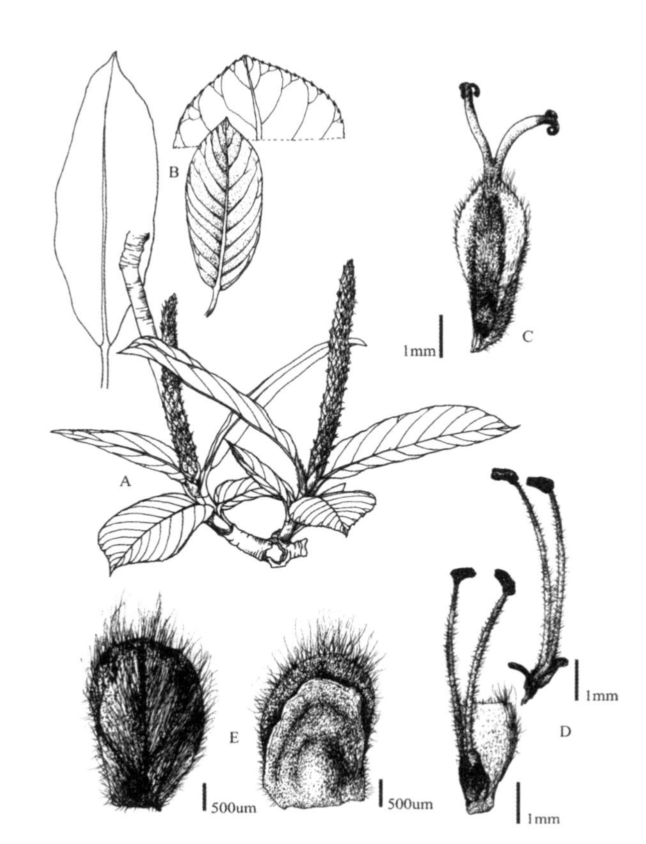

银背柳 *Salix ernestii*

杨柳科柳属的特有种。植物特征明显，具科学性与艺术性。绘制于 2020 年。

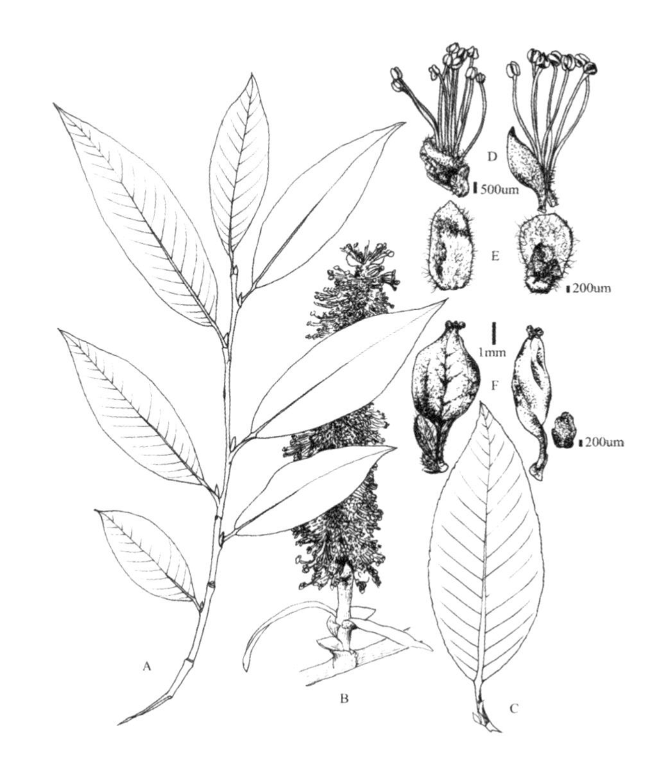

云南柳 *Salix cavaleriei*

杨柳科柳属的特有种。植物特征明显，具科学性与艺术性。绘制于 2020 年。

以上均由胡冬梅绘图

黄智雯　绘图

紫苞芭蕉 *Musa ornata*

紫苞芭蕉为大型多年生常绿草本植物，又称美粉芭蕉。茎高达 3 米。叶大，长可达 2 米，宽约 0.4 米。叶桨状，椭圆形或长椭圆形，蓝绿色。原产印度、马来西亚等地，中国福建、台湾、广东、广西及云南等地均有栽培。

凤梨 *Ananas comosus*

凤梨科凤梨属，俗称菠萝，为著名热带水果。叶多数，莲座式排列，剑形，全缘或有锐齿，腹面绿色，背面粉绿色，边缘和顶端常带褐红色，生于花序顶部的叶变小，常呈红色。花期夏季至冬季。聚花果肉质，长 15 厘米以上。

荷花木兰 *Magnolia grandiflora*

木兰科木兰属，又名洋玉兰、广玉兰。常绿乔木，叶厚革质，长圆状椭圆形或倒卵状椭圆形。花白色，有芳香。聚合果圆柱状长圆形或卵圆形，长 7~10 厘米，径 4~5 厘米，密被褐色或淡灰黄色茸毛；背裂，背面圆，顶端外侧具长喙。种子近卵圆形或卵形，长约 1.4 厘米，径约 0.6 厘米，外种皮红色，除去外种皮的种子，顶端延长成短颈。花期 5~6 月，果期 9~10 月，此图为其聚合果及种子。

芝麻 *Sesamum indicum*

芝麻科芝麻属，又名脂麻、胡麻，一年生直立草本植物，高 0.6~1.5 米。广布于世界热带地区以及部分温带地区。芝麻是中国主要油料作物之一，具有较高的应用价值。种子含油量高达 55%，榨取的油称为麻油、胡麻油、香油，气味醇香，生食熟食皆可。

以上均由黄智雯绘图

长筒滨紫草
Mertensia davurica

紫草科滨紫草属多年生草本植物。基生叶莲座状，密集，有长叶柄，往往早枯，叶片卵状长圆形或线状长圆形，基部楔形至圆形；茎生叶近直立，镰状聚伞花序长 1~1.5 厘米，含少数花，花冠蓝紫色，生长于山坡草地。

黄智雯　绘图

杨山牡丹
Paeonia ostii

芍药科芍药属落叶灌木，俗名凤丹，耐干旱、瘠薄、高寒。叶片表面为绿色，背面为淡绿色。花单生枝顶，苞片数量为 5 片，呈长椭圆形，大小不等；花瓣的数量也是 5 片，呈白色或者粉红色。生长在中国中部和南部低山丘陵地带，是一种很好的生态树种。

黄智雯　绘图

蒋正强（风暴云） 绘图

白头翁 *Pulsatilla chinensis*

毛茛科白头翁在早春的时候开放，一丛丛盛开在北方干旱的土地上。紫色花朵有着特有的丝绸质感，中间是黄色的花蕊。花期过后，白色的瘦果毛茸茸的，白头翁的名字因此而来。

川赤芍
Paeonia veitchii

在四川的草甸山坡上，川赤芍比其他植物要高大一些，加上显眼的紫红色花朵，即使距离很远，也能看到它。

蒋正强（风暴云） 绘图

山茱萸
Cornus officinalis

山茱萸在北方的园林里算是比较常见的观赏树木，春天开一簇簇黄色的小花，到了秋天，树上就挂满了红色的果实。

蒋正强（风暴云） 绘图

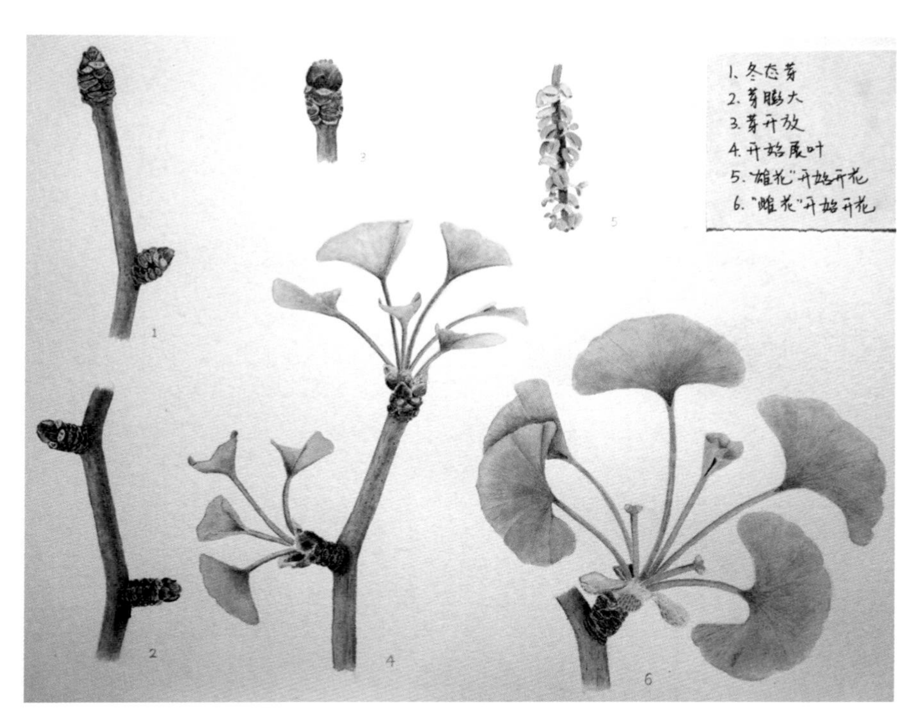

金冬梅　绘图

银杏物候期图

物候是指自然界的生物与非生物受气候和其他环境因素的影响而出现的现象，如植物萌芽、发叶、开花、结实。植物的物候是日常生活中最常见到的。植物的物候期图能够直观地反映植物处于不同物候期的特征，然而目前相关的手绘图较少，只有一些较为久远的版本，可分辨度不高。银杏是古老的孑遗植物，在全国很多地方被广泛种植。银杏物候期图根据银杏从冬态到“开花”的几个重要物候期进行绘制，包括芽膨大期、芽开放期、开始展叶期、开花始期。

长尾缝叶莺

Orthotomus sutorius

夏季，长尾缝叶莺在苎麻间蹦蹦跳跳，小小的身体也能唱出嘹亮动听的歌声。

冷冰　绘图

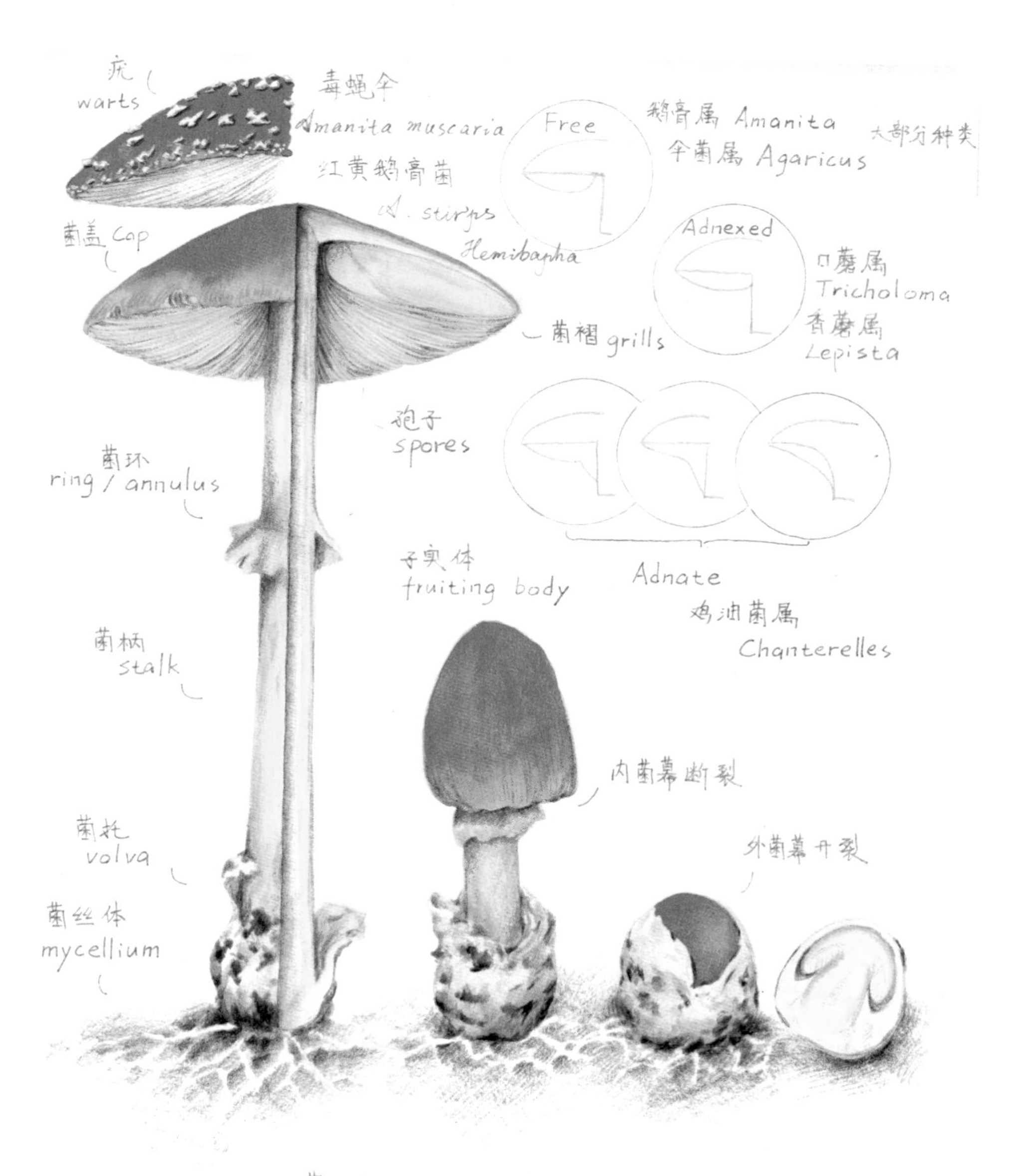

冷冰　绘图

蘑菇解剖结构

以红黄鹅膏菌（*Amanita hemibapha*）为例，简单介绍蘑菇子实体基本结构。

翠金鹃
Chrysococcyx maculatus

两只羽毛华丽的翠金鹃在石山地区常见植物构棘上短暂停留。构棘又名穿破石，其茎皮及根皮有药用价值。

冷冰　绘图

朱背啄花鸟
Dicaeum cruentatum

虾子花盛花期，雄性朱背啄花鸟忙着吃花蜜，雌鸟在前都顾不上了。

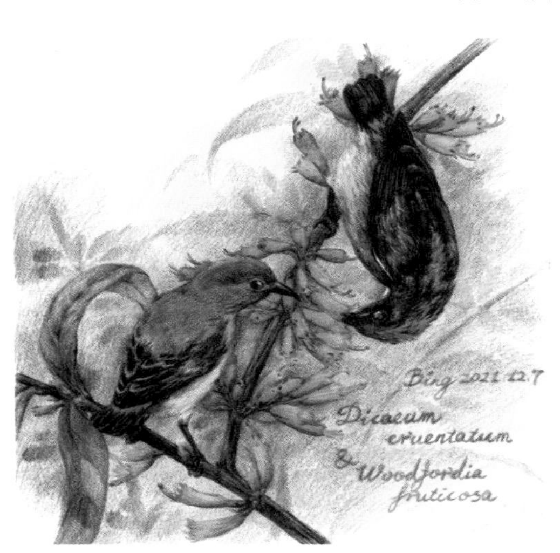

冷冰　绘图

北红尾鸲
Phoenicurus auroreus

玲珑小巧、颜值高的小鸟，雄鸟背部的翼斑十分醒目。

冷冰　绘图

莲 *Nelumbo nucifera*

莲科莲属，又叫荷花、芙蕖。“出淤泥而不染，濯清涟而不妖，中通外直，不蔓不枝，香远益清，亭亭净植。”莲在中国是家喻户晓的植物，既可观赏，又可食用。但是大多数人搞不清楚莲在水下和淤泥中的结构关系。因此用水彩创作此画，登载于《博物》杂志 2021 年 7 月刊。

李聪颖（颖儿） 绘图

水彩画，展示果实的多样性：单果（荚果、角果、瘦果、颖果、坚果、浆果、梨果、核果、瓠果、柑果），以及聚花果和聚合果。

槭叶铁线莲
Clematis acerifolia

赫赫有名的北京一级保护野生植物，只生长于京郊近90度峭壁的石灰岩缝中。每年4月中旬，蓦然绽放在春寒料峭之中，洁白如莲，仙气十足，吸引全国植物爱好者前来一睹芳容，被誉为“崖壁上的仙子”。颜料使用丙烯，期望通过调整丙烯颜料的浓度，来描绘槭叶铁线莲各结构的质感——嶙峋的老茎、油绿的新叶和柔滑的花瓣。

李聪颖（颖儿） 绘图

李聪颖（颖儿） 绘图

印象江南之樱花

无锡的鼋头渚是中国三大赏樱圣地之一，无锡市内很多道路两旁都有樱花树，春风吹拂，下起阵阵樱花雨，超级浪漫。大多数樱花是淡粉色的，而新吴区天主教堂门前有一株白色的单瓣樱花，花开满树，甚是好看。年年花开都要去拍上几张照片。这幅画来源于 2019 年 3 月 24 日拍摄的照片。

李娜（木青） 绘图

印象江南之茶花

在江南生活时，常常怀念北方的雪，每到冬天都会特别思乡。幸运的是，第一年到无锡，正赶上无锡多年不遇的大雪。江南有句俗话，“晴不如雨，雨不如雪”。雪中的江南美得像画一样。我们冒着大雪去了梅园，梅花还没有开，倒是有几种茶花开了。茶花傲立于风雪中，有种独特的美，正好映衬了它的品格。

李娜（木青） 绘图

印象江南之鸢尾

无锡湿地公园附近的鸢尾花期从4月左右开始，一茬茬的，能开一两个月。蓝紫色的鸢尾花像一只只大蝴蝶，形成成片的花海。无锡的花真多，到处都有，一种接着一种，令人目不暇接。这也是我离开无锡最最不舍的。

李娜（木青） 绘图

印象江南之桃花

这幅画的灵感来源于2009年3月23日在无锡居住时拍摄的照片，在北方桃花开放时间应该要晚些。在太湖湿地公园，到处可见各种各样的花草。春天陆陆续续开放着梅花、玉兰、早樱、桃花、李花、海棠、晚樱……桃花不是最早开放的，花期也就几天，但它有独特的魅力。桃花和杏花、梅花有相像之处，都是先花后叶，短梗，花贴在枝干上。桃花的特点是花瓣有褶皱，薄薄的；颜色粉嫩，给人很娇艳的感觉，难怪古代文学作品里形容美人面若桃花。

李娜（木青） 绘图

印象江南之木芙蓉

在无锡，差不多到10月，路边、公园的木芙蓉便开得很好了。有一人多高的、一大丛的，很多都长在离水不远的坡地上。木芙蓉的花有单瓣的，也有重瓣的；以粉红色居多，也有白色的，还有粉白相间的；花比较大，直径有七八厘米，花苞不管在什么位置，都是仰起头冲向天空的姿态。

李娜（木青） 绘图

胭脂花
Primula maximowiczii

报春花科报春花属的多年生草本植物，既有观赏性，也是不错的中药。胭脂花是春天的信使，冬天刚刚过去、霜雪未尽时，它已经在林缘、溪畔、草地上成丛成片，生气盎然地向人们昭示着春天的来临。

李涛　绘图

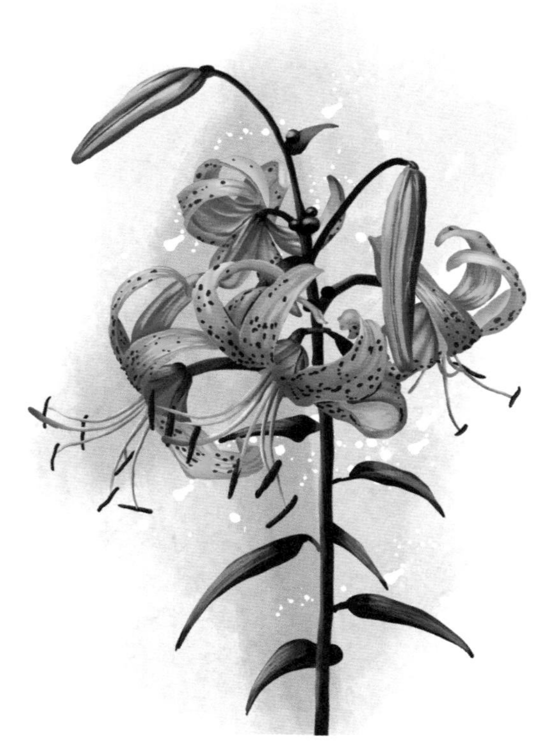

卷丹
Lilium lancifolium

百合科百合属一种很有特点的花。花瓣向外翻卷，橙色的花瓣上点缀着黑斑，外形奇特，摇曳多姿。本幅作品以写实的风格对一株卷丹进行了具体的描绘，从花苞到完整的花朵，再到有特点的花蕊。

李涛　绘图

李小东　绘图

粉扇月季与蝴蝶

粉扇月季花开，穿插于花丛中的金凤蝶、菜粉蝶等也忙个不停。

昆虫集

昆虫种类繁多、形态各异，属于无脊椎动物中的节肢动物，是地球上数量最多的动物群体，它们的踪迹几乎遍布世界的每一个角落。

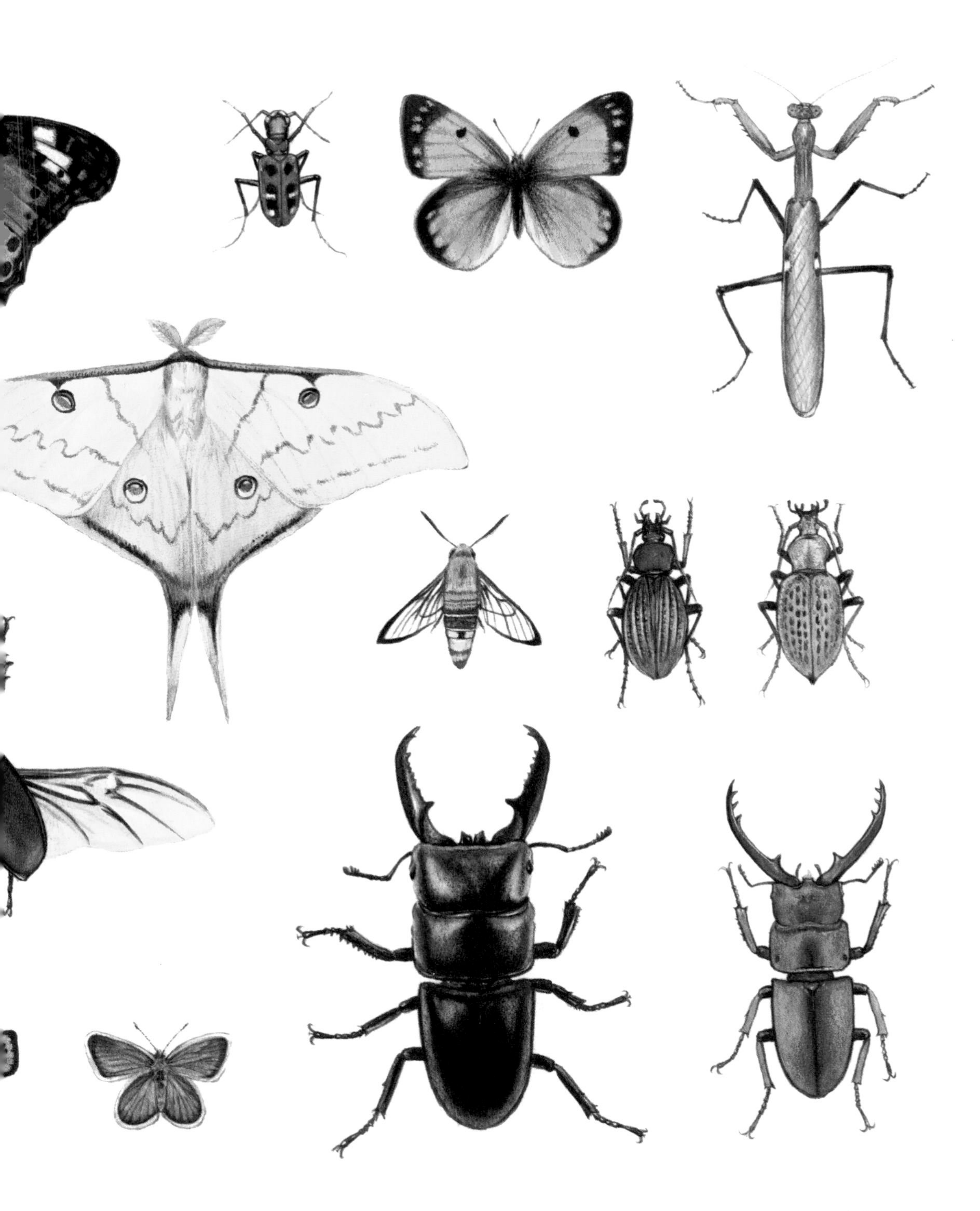

李小东　绘图

仙八色鸫
Pitta nympha

李小东　绘图

仙八色鸫，国家二级重点保护野生动物。常在灌木下的草丛间单独活动，主要以昆虫为食，常在落叶丛中以喙掘土觅食蚯蚓、蜈蚣及鳞翅目等昆虫。行动敏捷，性机警而胆怯，多在地上跳跃行走。

连翘属植物
Forsythia

木樨科连翘属植物早春先叶开花，花开香气淡雅，满枝金黄，艳丽可爱，是早春优良观花灌木。

李小东　绘图

大云鳃金龟（云斑鳃金龟）

Polyphylla laticillio

第一次见到云斑腮金龟是在山西的一个保护区，七八只硕大的金龟被保护站户外的灯光吸引，或飞或停地流连在夜晚的亮光里不愿意离开。我抓了一只放在手心，它也不怕，这才让我得以仔细观察它的样貌。不知道它的名字是否源于那两条像鱼鳃一样层层展开的触角。这触角又像硕大的麋鹿角，看起来格外有力量。它的个头是我见过的金龟里体量最大的，背上还披了“绣满”白色花纹的硬质披风。这样的配置本身应该是威风凛凛的，而它却因为壳部下端的圆弧形状显得非常可爱。

李亚亚　绘图

李亚亚　绘图

北方狭口蛙

Kaloula borealis

北方夏季常见的一种蛙。傍晚暴雨过后，水塘里总能听到它们此起彼伏、震耳欲聋的叫声。这种求偶仪式不久后，就能在岸边看到密密麻麻的蛙卵。第一次听到它们的叫声是在地铁边的一个小水池里，那种排山倒海般壮观的鸣叫声，每每想起都觉得经历了极其梦幻的场景。我并不太擅长画蛙，只有在它的背部点上象征水点的高光时，才觉得这幅画真的活了起来。洁净的水是它们的家园，也是它们的灵魂。

黑蚱蝉（蚱蝉）

Cryptotympana atrara

蝉是童年时代夏天的标记，没有蝉鸣的夏天是不完整的。小时候我就坐在姥姥家的香椿树下，边吃午饭边听树上知了没完没了地叫。长大后偶尔听到，却再也没有小时候的那种闲适和情怀，只觉得时光飞逝，一年又一年地忙碌着。

李亚亚　绘图

沼泽山雀

Poecile palustris

很喜欢沼泽山雀，它那占据了半个脑袋的黑色羽毛活像一顶帽子，黑白灰的颜色配比也非常具有设计感。在野外，这些小雀像是树枝间灵活的梭子，跳着跳着就织出了荒野间最鲜活的风景。我不擅长画鸟，尤其是它们静立时束起的飞羽，每次打草稿都要琢磨半天。但耐着心思画完之后，才觉得翅膀的繁复细节与肚皮处的大片空白正形成巧妙的对比，像是一幅相得益彰的水墨画，有细节，有留白，大自然的审美果然令人惊叹。

李亚亚　绘图

黑斑侧褶蛙
Pelophylax nigromaculatus

黑斑侧褶蛙又名黑斑蛙，应该就是民间常说的“青蛙”。一身鲜亮的绿色皮肤，背上星星点点的深色斑纹提供了绝佳的保护色。如果不是拿望远镜仔细“扫射”水岸边的杂草和芦苇秆部，我压根儿没办法找到这些斑斓的小家伙。它们敏感而聪慧，人走近一点就立刻收起叫声，静静蛰伏，等人走到安全距离外才忍不住“咕呱”一声。那种叫声深邃而悠远，充满了来自自然的野性，即使我们只在城市的间隙给它们留了巴掌大的一点水环境，它们也仍旧愿意光临并带给我们声乐一般的享受。

李亚亚　绘图

斑羚 *Naemorhedus goral*

北方常见的一种有蹄类食草动物。作为一只灰扑扑的“山羊”，斑羚的样貌并不算突出，但那些野外目击者的照片却打动了我。很多次看到这样的场景：斑羚站在山顶悬崖边上，像一座精致的石雕，竟有些遗世而独立的孤勇感。很难想象羊那样体型的动物会灵巧地攀上绝壁，在陡峭的石头间往来。不管这是为了吃崖壁上的植物还是漫长岁月中进化出的躲避猎捕的生存技能，斑羚都是一个神奇的存在。

李亚亚　绘图

野猪 ***Sus scrofa***

李亚亚　绘图

相比其他哺乳动物，我喜欢野猪的时间并不算太长，大概因为我之前见过的所有有关野猪的评论都是它们毁坏农田、糟蹋庄稼，是人兽冲突最频发的物种。事实或许真是这样，我见过那些被野猪踩得一团糟的庄稼地，也听朋友讲过在土豆播种的季节，它们可以一夜之间从地里翻出所有的土豆种子吃个干干净净。我同情与野猪共存的农人们，却也觉得这一切并不都是野猪的问题，它们一直循着天性生活，在人类侵入它们的领地并开垦了农田后，美味的玉米和土豆几乎就是摆上餐桌的美食，野猪无法拒绝，人类也总该为自己的选择买单。相比野猪在人兽冲突中的糟糕表现，它们在森林中无疑是开荒拓路的勇士和担当者。

李亚亚　绘图

豹猫 ***Prionailurus bengalensis***

在开始关注野生动物之前，我甚至根本没听说过豹猫这种生物。它们不像传说中的金钱豹或东北虎那样需要更好的生境和食物来维持种群，在栖息地日渐破碎的今天，豹猫顽强地生活在我们周围的山林里，在因为人类干扰而失去大型食肉动物后，作为继任者站在了顶端的生态位，以小而勇猛的姿态维持着生态平衡。画中是一只生活于北方的豹猫，它的斑纹并不像南方种那样色彩艳丽，五官也有种寒冷地带物种特有的憨态。

李亚亚　绘图

豺 *Cuon alpinus*

已经十分濒危的犬科动物，现在只在西南地区还有少量分布。据说很久之前北京的山里不仅有狼，甚至还拥有过豺群，如今因为人类活动和栖息地的减少，只有在西部少有人烟的山里才能再见到它们的身影。豺一身火红毛发，面部的骨骼相较其他犬类略显钝圆，豆子一样的小眼睛和黑黑的鼻头都让它看起来像个憨憨的小男孩，笨拙又可爱。

李亚亚　绘图

东北虎 *Panthera tigris altaica*

大型野生猫科动物。在为东北虎栖息地清理猎套的活动中，我与这种大型猫科动物有过两次接触。一次是循着足迹找到了不久前刚撒下的一泡虎尿，味道浓烈而呛人——在满目白茫茫的冰天雪地里，想必没有生物会质疑这位王者的自信和力量。另一次是遇到一只被咬死不久的小狍子，狍子的腹部已经被咬开，似乎没吃几口就离开了。我们把狍子挪到了路边合适的位置，又在道路两边安装了红外相机，过了一两天，果然拍到了虎回来进餐的视频。在所有野生猫科动物中，虎的样貌极受欢迎，不仅因为它特殊的条状花纹，还因为腮毛外扩形成可爱的饼状脸庞。

梁惠然　绘图

草莓生长图

画面从左到右完整描绘草莓的生长，从发芽到长出嫩叶、生出花苞、开花、结果，直到成熟。

黄色茄子

朋友家种出来的果实。那是在2019年的初春，坠着果实的枝条透露出一种简洁和冷冬的美。枝条上挂着亮眼的黄色果实，再搭配几片干枯的叶子，极具造型之美。

梁惠然　绘图

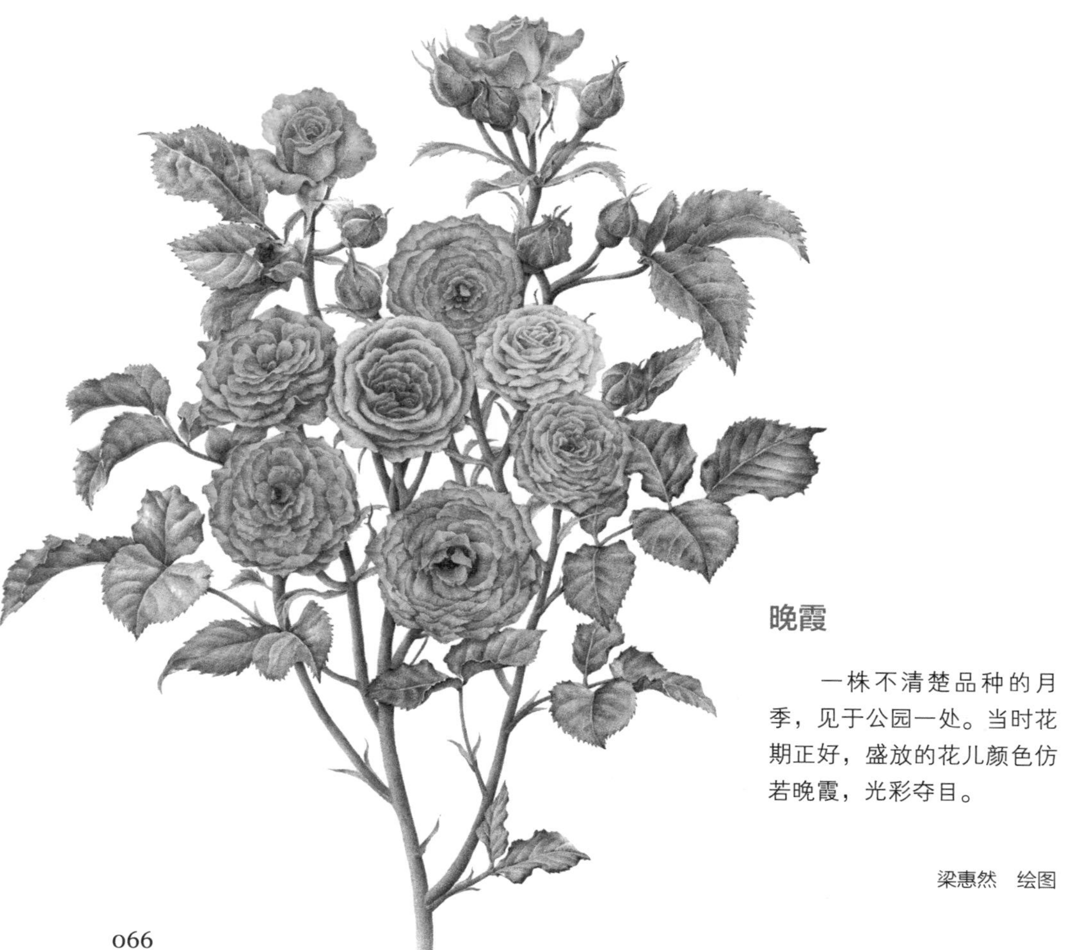

晚霞

一株不清楚品种的月季，见于公园一处。当时花期正好，盛放的花儿颜色仿若晚霞，光彩夺目。

梁惠然　绘图

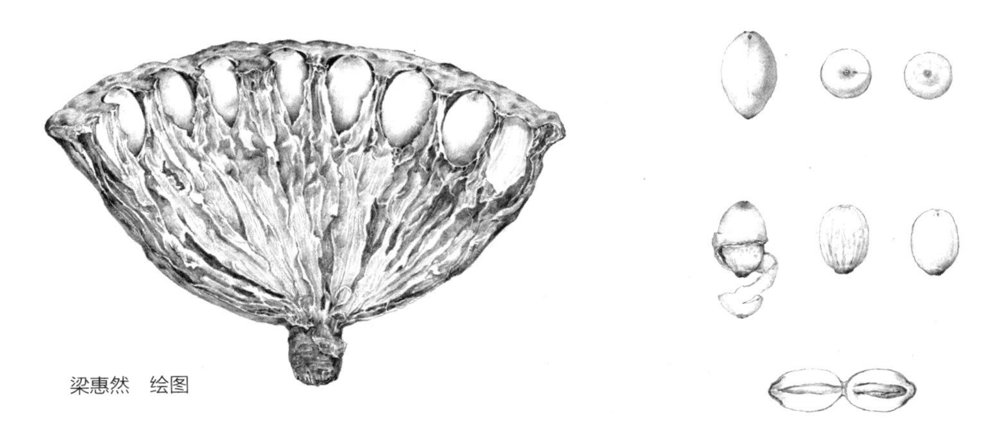

梁惠然　绘图

莲蓬

从池边捡来的莲蓬，看着它从鲜嫩的翠绿慢慢干枯变老，颜色逐渐变深。从中间剥开，莲蓬里是一丝一丝的纤维，随即能看到一颗颗饱满有生机的嫩绿小莲子。莲子外有一层稍厚的果皮，然后是淡黄的子叶和苦苦的胚芽。时间久了，果皮会变成黑褐色。

梁惠然　绘图

自然随笔

画上记录的是我在北京和广东见到的自然之物。从左往右分别是苹婆果、龙葵的果、松果、山菅的果、异型莎草的花、栗子。用素描画出立体的质感。

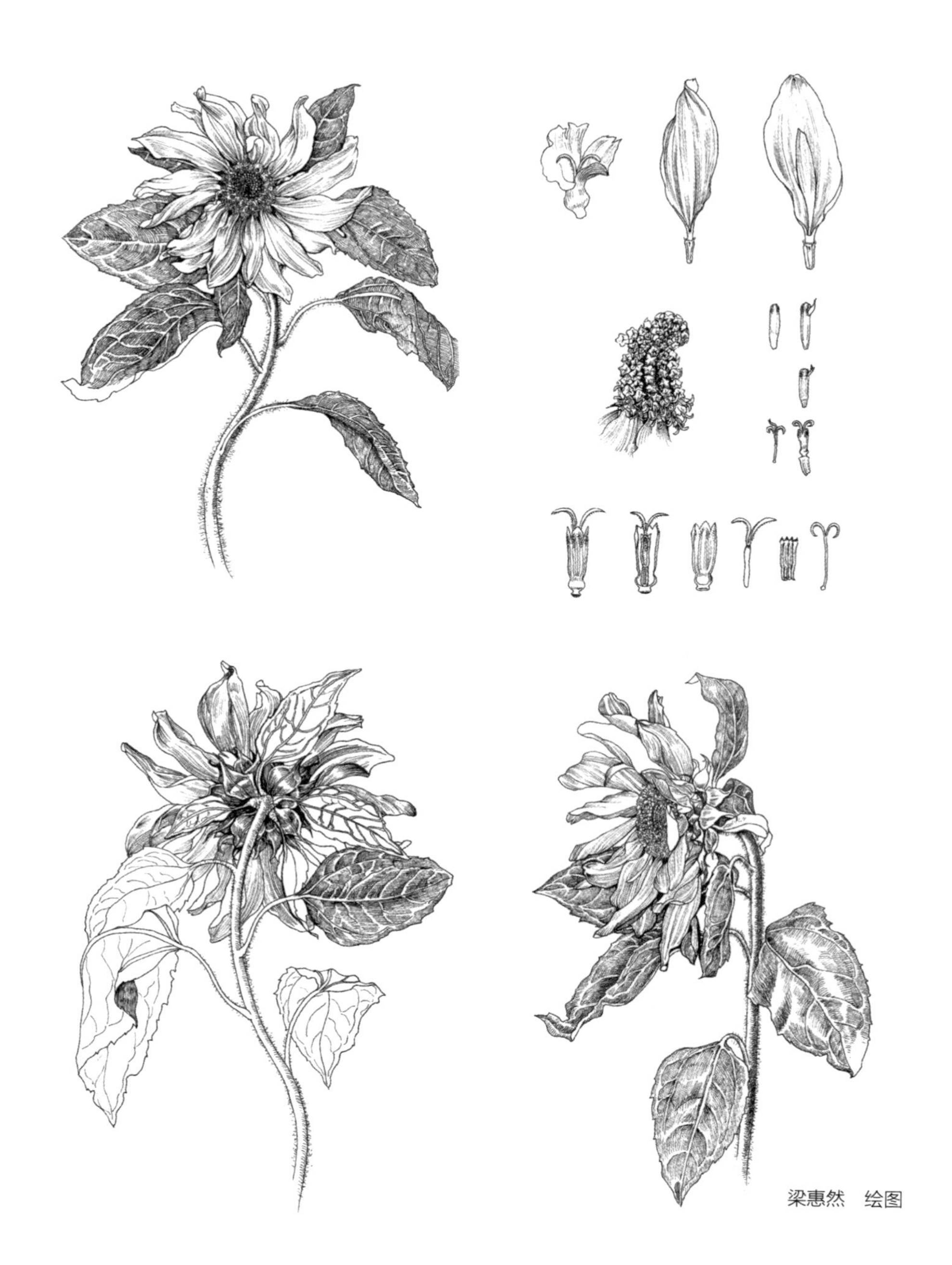

梁惠然　绘图

向日葵

绘制于 2020 年初春。当时花朵已被他人摘下并扔在路边野草地中，便捡回家细细观察。从向日葵的整体植株到每一朵小花的结构，都用纸笔慢慢记录下来。这是日常随笔记录之一。

翠绿精灵

澜沧江边的干热河谷狭窄而荒凉，只有许多低矮的小灌木生长在乱石堆中。每年夏季，小蓝雪花的美丽花丛为这片单调的景色增添几分亮色。有阳光的日子，运气好的话，也许能遇到这里最美丽的珍稀生物翡翠龙蜥（*Diploderma iadinum*）。它一身翠绿的鳞片，如同宝石一般。2019 年我途经云南澜沧江边，有幸遇到，一见钟情。

梁惠然　绘图

太平洋鹦哥
Forpus coelestis

这种大自然中的小精灵，是我非常喜欢的一类鹦鹉。它有漂亮的蓝灰色羽毛，配着粉粉的鸟喙。以黑色背景作衬，蓝色更为吸引、耀眼。

梁惠然　绘图

线柱兰

Zeuxine strateumatica

兰科线柱兰属，城市草坪里非常不起眼的野生植物。整个植株大约就一节手指长短，不开花时样貌普通，经常被当作杂草拔除。早春时节开花，总状花序上密生着几朵甚至十几朵白色或米白色的花，朴素中透着精致和可爱，唇瓣的一抹黄，还有点俏皮。在华南地区爱草木的人那里，线柱兰被誉为“草地三宝”之一（与之并列的是美冠兰和绶草）。彩铅绘制。

廖熹琪　绘图

美丽异木棉

Ceiba speciosa

锦葵科吉贝属，华南地区的公园、道旁常见的落叶观花乔木。早春时节的美丽异木棉大多光秃秃的，还没有发芽，但芽苞鼓胀，芽鳞片开始撑裂微张。有些枝头能见到去年花朵的残存物（花梗、花托和花萼）。彩铅绘制。

廖熹琪　绘图

假连翘
Duranta erecta

马鞭草科假连翘属灌木，常栽培用作绿篱，枝有皮刺。花冠 5 裂，蓝紫色。核果球形，红黄色，为宿存的花萼包被。作品采用国画工笔淡彩的形式，力求表现假连翘带点明黄色的嫩叶，以及总状圆锥花序上花蕾、花朵、核果的形态。

廖熹琪　绘图

三点金
Grona triflorum

豆科假地豆属，草地、路旁常见的小草，纤细的茎平卧或下垂。花冠紫红色，荚果有 3~5 荚节，略呈镰刀状，有钩状短毛。作品采用国画工笔淡彩的形式，表现三点金从草坪边缘垂下来的情景。叶片和花冠的色彩相比植株本身略降低了明度。

廖熹琪　绘图

紫薇
Lagerstroemia indica

千屈菜科紫薇属落叶灌木，6 月开始进入花期，长至 10 月。顶生圆锥花序，花常见淡红色、淡紫色等。花瓣皱缩，6 片花瓣还有长长的“爪”。雄蕊很有特点：6 枚着生在花萼上，明显更长，其余着生于萼筒的基部。采用国画工笔淡彩绘制。

廖熹琪　绘图

大花紫薇
Lagerstroemia speciosa

千屈菜科紫薇属乔木，顶生圆锥花序，花紫红色，花萼上有棱。花瓣也是 6 片，与紫薇相比大很多，也几乎不怎么皱缩，“爪”却很短，从花瓣外部基本看不出有“爪”。雄蕊很多，都差不多长短。采用国画工笔淡彩绘制，表现花枝从枝顶下垂的姿态。

廖熹琪　绘图

刘兵　绘图

葱、蒜、姜

大葱（*Allium fistulosum* var. *giganteum*），百合科葱属，单子叶植物。鳞茎单生，叶圆筒状，中空，向顶端渐狭。葱开花为球状伞形花序，多花，较疏散；花果期 4~7 月。全世界广泛种植。蒜（*Allium sativum*），百合科葱属，单子叶植物。叶宽条形至条状披针形，扁平，先端长渐尖，花常为淡红色；花期 7 月。原产亚洲西部或欧洲。世界上已有悠久的栽培历史。姜（*Zingiber officinale*），姜科姜属。根茎肥厚，多分枝，有芳香及辛辣味。叶片披针形或线状披针形。

洋葱 *Allium cepa*

百合科葱属，单子叶植物。叶圆筒状，中空，中部以下最粗，向上渐狭，花粉白色，鳞茎和叶可食。作品红葱（变种）是在自然光线下观察葱头的特征，精确地完成写生。

刘兵　绘图

沙漠玫瑰 *Adenium obesum*

夹竹桃科沙漠玫瑰属植物，单叶互生。喜高温干燥和阳光充足的环境，耐酷暑，不耐寒。原产非洲，花期5~12月。其实它并不是生长在沙漠地区的玫瑰，与玫瑰也没什么近缘关系，只是因原产地接近沙漠且红如玫瑰而得名沙漠玫瑰。本作品是在北京植物园南植（现国家植物园南园）温室对沙漠玫瑰多角度拍摄后完成绘制的。

刘兵　绘图

刘兵　绘图

有柄石韦 *Pyrrosia petiolosa*

水龙骨科石韦属蕨类植物。在北京密云山里写生时，发现悬崖上有一丛有柄石韦长在石缝里。江西景德镇瑶里石头上长有很多石韦，比北京看见的石韦叶子大，也茂盛许多。石韦是著名的药材，能清湿热，利尿通淋，治刀伤、烫伤、脱力虚损。

刘兵　绘图

铁线莲属 *Clematis* sp.

毛茛科铁线莲属植物，享有“藤本花卉皇后”之美称。铁线莲属花卉品种多，颜色多样，花期长，从早春直到晚秋。作品绘制的品种为铁线莲“美佐士”，其花色纯净甜美。

刘恩辉　绘图

圣诞老人蜗牛 *Indrella ampulla*

蜗牛科，主要分布在印度西高止山一带。完全展开时长约 15 厘米，是一种大型陆生蜗牛。在雨季和黄昏后比较活跃，主要以真菌为食。外壳斜卵形或球形，非常薄，有时棕色，有时黑色，还有时是蓝色。柔软的身体部位颜色变化很大，有红色、橙色、棕色等，其中红色的软组织和白色的外套膜边缘很像圣诞老人的袍子，黑色的外壳像圣诞老人的礼物口袋，因此被称为“圣诞老人蜗牛”。

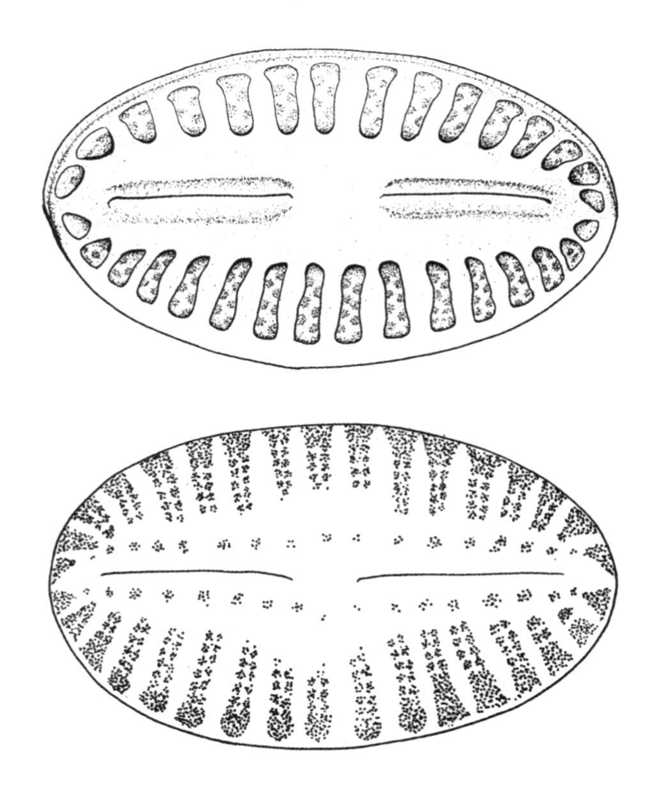

美丽双壁藻 *Diploneis puella*

舟形藻科双壁藻属，壳面椭圆形，末端钝圆，每个细胞小于 14 微米，线纹很短，中央区域略呈方形，约 1~1.5 微米，两侧纵沟狭窄。横肋纹粗，呈微辐射状排列。每 10 微米内约有 12~16 条线纹。常附着在石块、水草等基质上。

刘恩辉　绘图

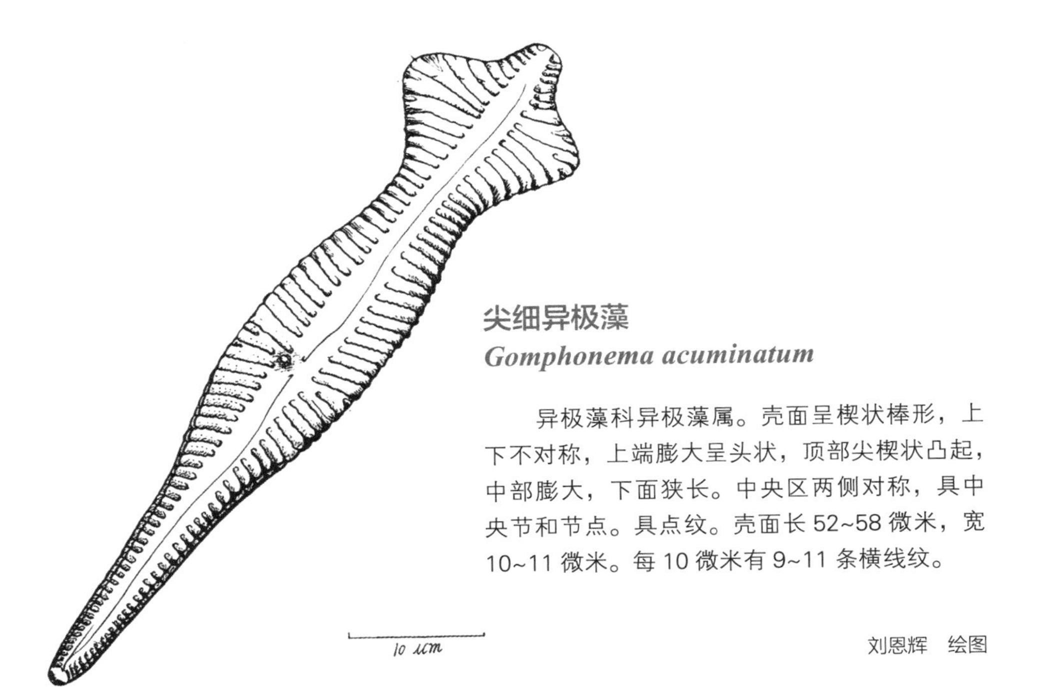

尖细异极藻

Gomphonema acuminatum

异极藻科异极藻属。壳面呈楔状棒形，上下不对称，上端膨大呈头状，顶部尖楔状凸起，中部膨大，下面狭长。中央区两侧对称，具中央节和节点。具点纹。壳面长 52~58 微米，宽 10~11 微米。每 10 微米有 9~11 条横线纹。

刘恩辉　绘图

颗石藻

Michaelsarsia elegans

颗石藻，又称球石藻，是一类单细胞海洋微藻，细胞上覆盖着一层钙质外壳。颗石藻的外形十分独特，有许多钙质的碟片，形成球形的细胞外骨架，这些碟片称为颗石。每个颗石都有独特的花纹和形状结构。颗石通常分为三类，异晶颗石、同晶颗石和微晶颗石。图中所画的颗石藻不仅具有异晶颗石，还出现了变异的颗石，称为附肢状颗石，就像蜘蛛的腿一样。

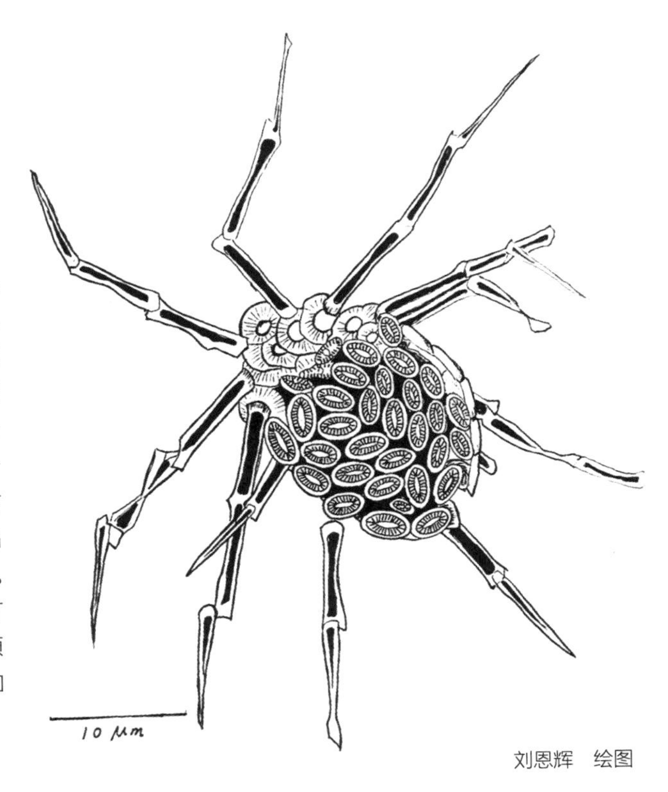

刘恩辉　绘图

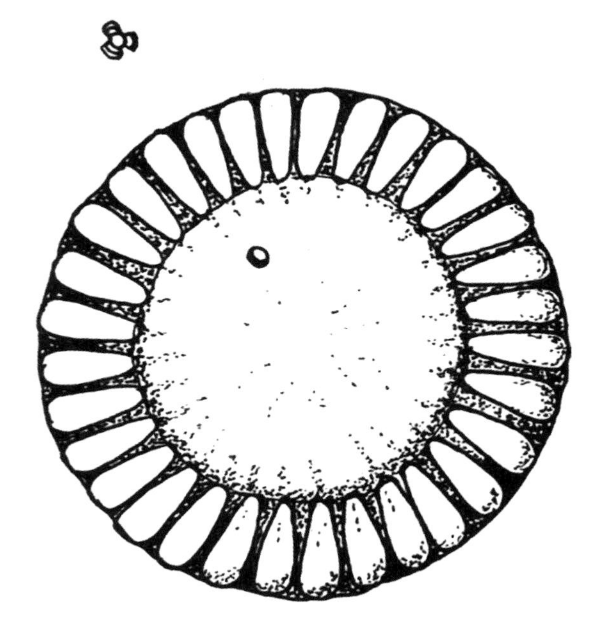

梅尼小环藻
Cyclotella meneghiniana

圆筛藻科小环藻属。壳面圆形，中央区平坦，具 1~2 个唇形突，边缘区线纹呈辐射状排列，边缘区宽度约为半径的 1/2。细胞直径为 9~14 微米。梅尼小环藻属于广布种，在大部分水体中均可以发现它们的身影，是春季淡水水体的主要初级生产者之一。

刘恩辉　绘图

美丽星杆藻
Asterionella formosa

平板藻科星杆藻属。细胞长轴对称，两端不对称，一端较宽，头状，细胞相互连成放射星状群体。图中的星杆藻是由 8 个单细胞组成的群体。这种群体生活可以使它们尽可能漂浮在水中，不至于沉到水底。美丽星杆藻一般以二分裂的方式进行繁殖。在电镜下可以观察到，它具有细的线纹，细胞长 40~130 微米，宽 1~3 微米。美丽星杆藻是春、夏、秋季形成浮游生物水华现象的常见种。

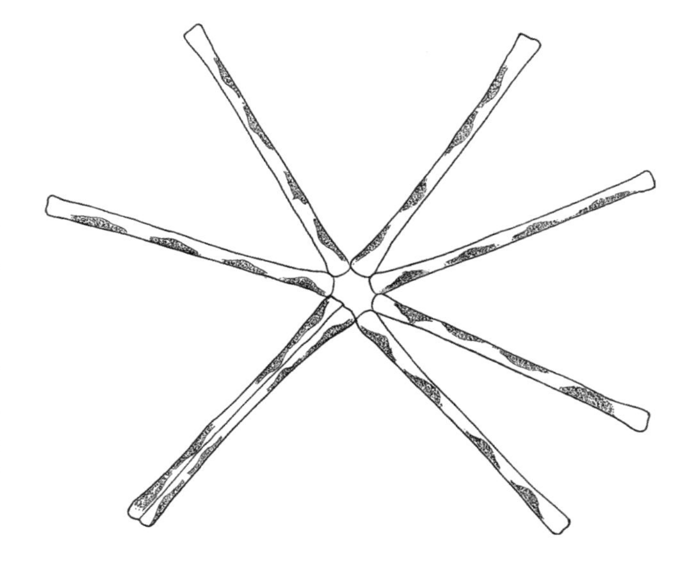

刘恩辉　绘图

地黄

Rehmannia glutinosa

列当科地黄属，是乡村路边、墙角极常见的一种植物。植株一般可高达 30 厘米，密被长毛，地下块根黄白色，因此得名地黄。叶通常在基部集成莲座状，向上强烈缩小成苞片，叶卵形或长椭圆形，上面绿色，下面稍带紫色或紫红色，边缘具不规则的圆齿，基部渐窄成柄。花序上升或弯曲，在茎顶部略排成总状花序。花冠筒紫红色，裂片 5 枚。

刘恩辉　绘图

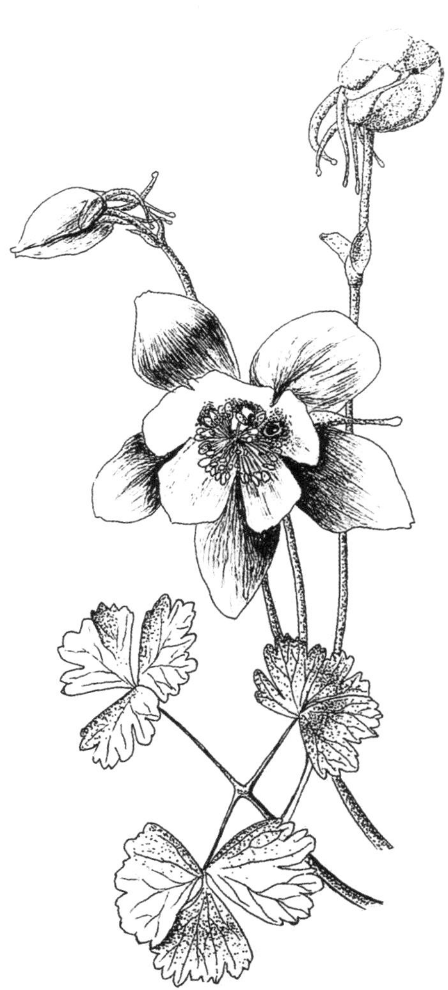

大花耧斗菜

Aquilegia glandulosa

毛茛科耧斗菜属，植株一般可高达 40 厘米，小叶宽菱形、菱状倒卵形或肾形，长 1.5~3 厘米，3 浅裂。花序具 1~3 朵花，花梗长 2~8 厘米，萼片蓝色，卵形，长 3~4.5 厘米，花瓣蓝色，宽长圆形，距长 0.6~1.2 厘米，末端向内钩曲。

刘恩辉　绘图

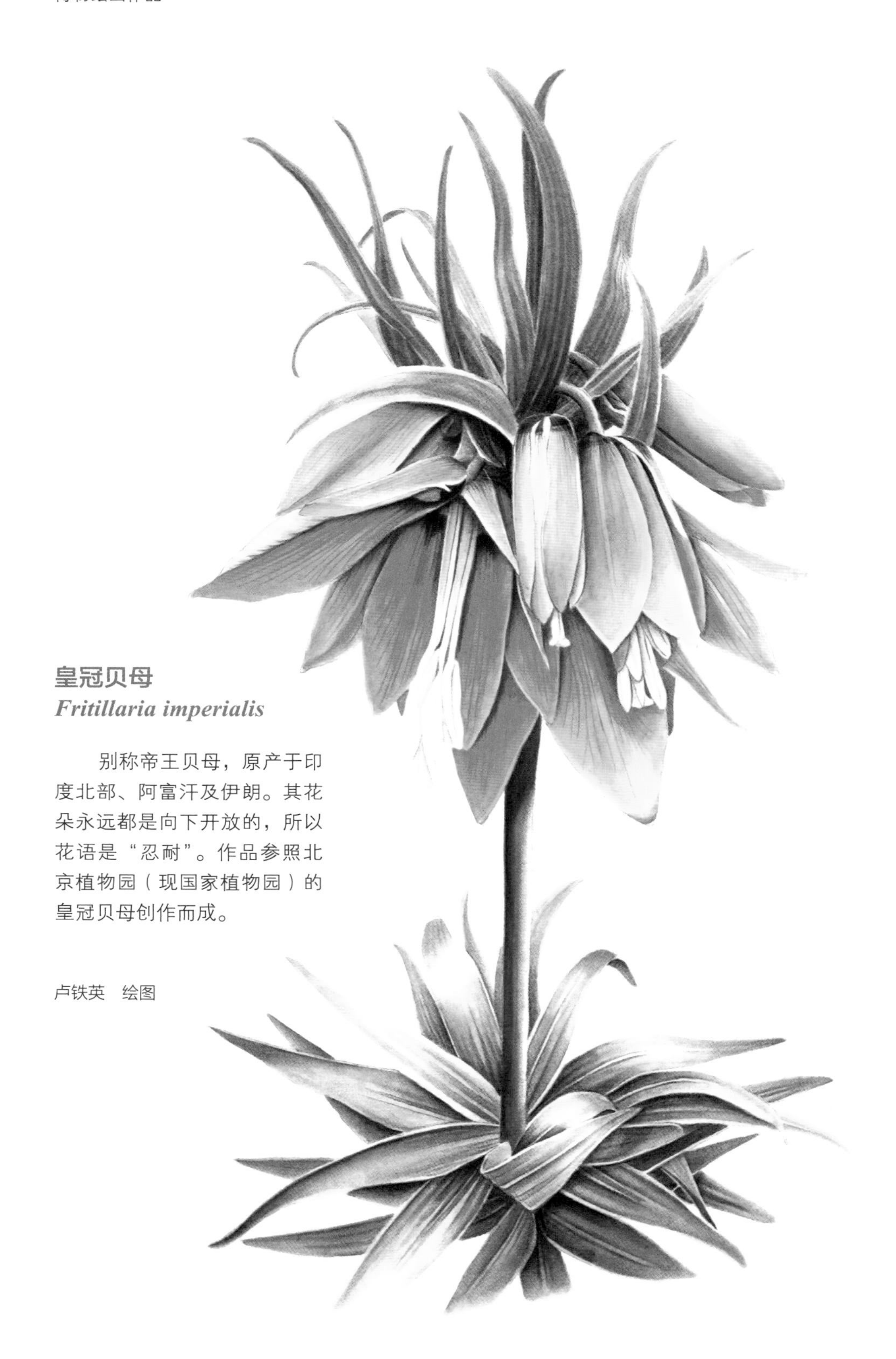

皇冠贝母

Fritillaria imperialis

别称帝王贝母，原产于印度北部、阿富汗及伊朗。其花朵永远都是向下开放的，所以花语是“忍耐”。作品参照北京植物园（现国家植物园）的皇冠贝母创作而成。

卢铁英　绘图

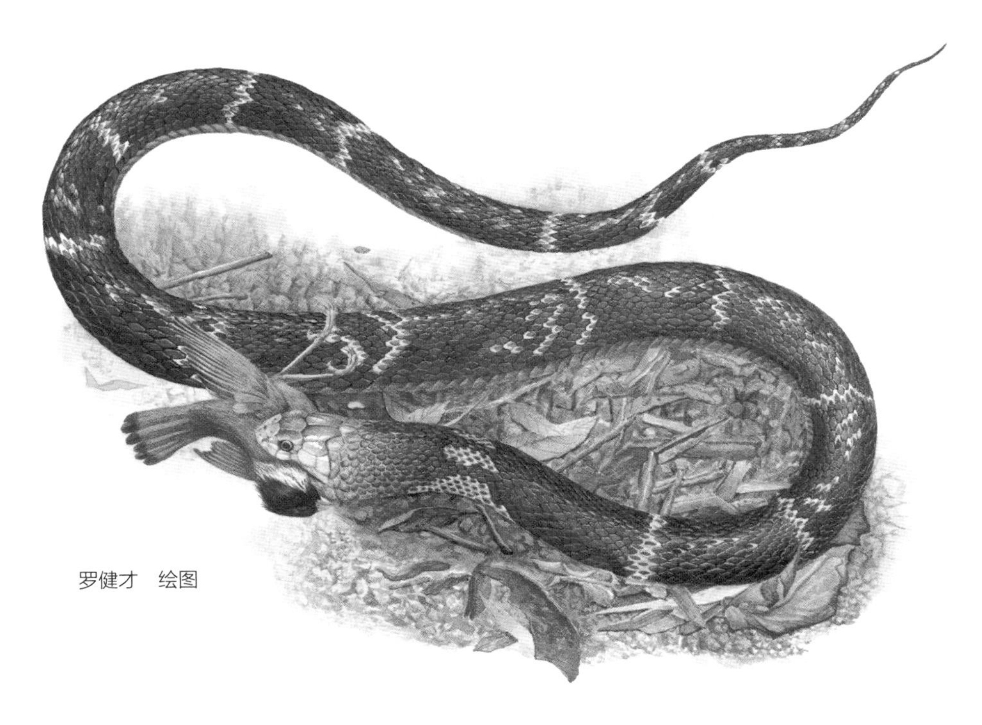

罗健才　绘图

中华眼镜蛇（*Naja atra*）吞食领雀嘴鹎（*Spizixos semitorques*）

中华眼镜蛇属于眼镜蛇科，又名舟山眼镜蛇，在广东、广西、香港俗称饭铲头，分布于中国南部、中国台湾地区和中南半岛的中低海拔地区。中华眼镜蛇为大型前沟牙毒蛇。受惊扰时，常竖立前半身，颈部平扁扩大，作攻击姿态，同时颈背露出呈双圈的“眼镜”状斑纹。中华眼镜蛇体色一般为黑褐或暗褐，背面有或无白色细横纹。成蛇体全长为1.5~2 米。中华眼镜蛇食性广泛，以蛙、蛇为主，其次是鸟、鼠，也吃蜥蜴、泥鳅、鳝鱼及其他小鱼。

黄链蛇 *Dinodon flavozonatum*

游蛇科链蛇属，是一种外形或色斑与毒蛇类似的无毒蛇。黄链蛇背面具有黑黄相间的横纹，往往被误认为金环蛇。体较细长，头宽扁，头颈略能区分，眼小，瞳孔直立椭圆形，全长一般可达 0.8 米左右。生活于山区森林，靠近溪流、水沟的草丛、矮树附近，偏树栖。主要以蜥蜴为食，也吃小蛇，以及爬行动物的卵。

罗健才　绘图

罗健才　绘图

束带蛇 *Thamnophis sirtalis*

束带蛇是一类陆生无毒蛇，有十几种。分布于美国、加拿大和墨西哥北部。束带蛇体形小，长度一般不足 1 米，无害。身具条纹图案，有如袜带。代表种的特征是身上有 1 或 3 条纵向的黄色或红色条纹，条纹之间夹着方格斑。受惊扰时，将头藏起，尾部蠕动，同时从肛门腺中排出一种难闻的分泌物。

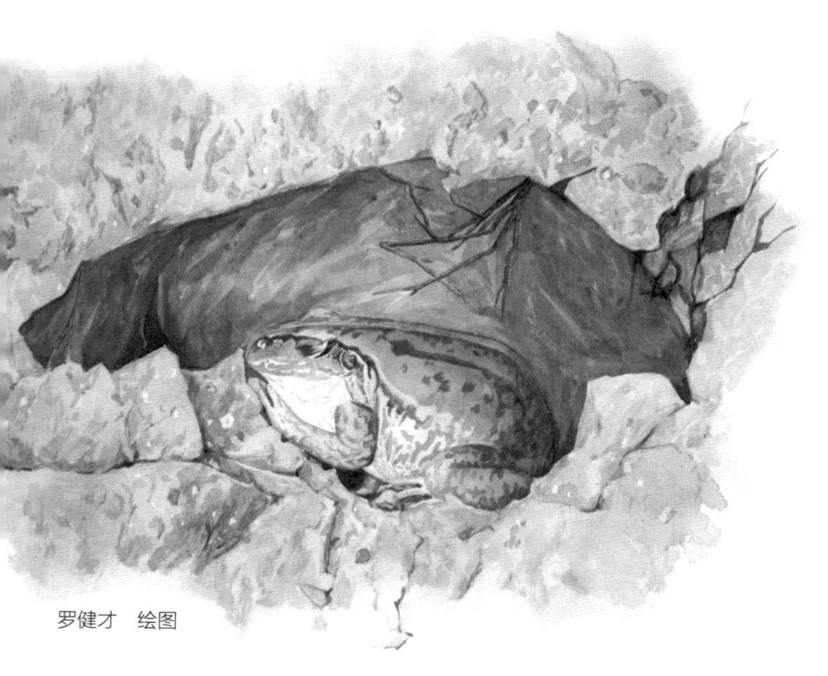

罗健才　绘图

蛙冬眠

青蛙是冷血动物，体温太低时会被冻死，为了生存只好进入假死状态。它们在落叶、河底软泥、树洞石缝中冬眠，10 月中下旬气温降到 10 摄氏度时开始冬眠，到第二年 3 月树木长出新叶时结束。

罗健才　绘图

美洲黑熊（*Ursus americanus*）冬眠

美洲黑熊广泛分布于北美洲，是现存数量最多的熊，属大型熊类，体形硕大，四肢粗短，体长 1.2~2.2 米。在美洲北部地区，美洲黑熊要经历一年一度长达 7 个月的冬眠期，在此期间体内储存脂肪，体温和心率降低，以节约能源；在温暖的南部地区，冬眠时间一般较短，体征也相对活跃，有些南方的黑熊甚至全年无休眠期。不过怀孕的雌性总是要筑建巢穴，在其中度过冬天，生育和护理幼崽。在北方地区，巢穴通常建造在地下或冰雪中，而在南部地区，也可以建在树上。

芒萁
Dicranopteris pedata

里白科芒萁属蕨类植物，植株高可达1.2米。根状茎横走。叶片远生，柄棕禾秆色，光滑。叶轴1~2（3）回二叉分枝，被暗锈色毛，渐变光滑，有时顶芽萌发，腋芽小，卵形，裂片平展，线状披针形，顶钝，常微凹，羽片基部上侧的数对极短，三角形或三角状长圆形。孢子囊群圆形，着生于基部上侧或上下两侧小脉的弯弓处。

罗健才　绘图

罗健才　绘图

雕鸮 *Bubo bubo*

鸱鸮科雕鸮属动物。属夜行猛禽，多栖息于人迹罕至的密林中，营巢于树洞或岩隙中。全天可活动，飞行时缓慢而无声，通常贴着地面飞行。食性很广，主要以各种鼠类为食，也吃兔类、刺猬、狐狸、豪猪、野猫、鼬、昆虫、蛙、雉鸡以及其他鸟类，有时甚至会捕食有蹄类动物。

罗健才　绘图

花面狸 *Paguma larvata*

灵猫科花面狸属食肉动物，俗称果子狸。头体长 400~690 毫米；尾长 350~600 毫米；后足长 65~120 毫米；耳长 40~60 毫米；颅全长 100~130 毫米；体重 3~7 千克。花面狸显著的面部纹路因地理差异而变化，一般从前额到鼻垫有一条中央纵纹，眼下有小的白色或灰色眼斑，眼上有较大的、更加清晰的白斑，并可能延伸到耳基部。鼻部黑色。身体无斑点，硬毛为锈褐色到深褐色，其下绒毛通常为淡褐色到灰色。在一些亚成体身上可见微弱的斑点图案。尾色与体色相同，尾端一般深暗。

罗健才　绘图

豹猫 *Prionailurus bengalensis*

猫科豹猫属动物。头体长 360~660 毫米；尾长 200~370 毫米；后足长 80~130 毫米；耳长 35~55 毫米；颅全长 75~96 毫米；体重 1.5~5 千克。体型和家猫相仿，但更加纤细，腿更长。南方种的毛色基调是淡褐色或浅黄色，而北方种的毛色显得更灰且周身有深色的斑点。体侧有斑点，但从不连成垂直的条纹。明显的白色条纹从鼻子一直延伸到两眼间，常常到头顶。耳大而尖，耳后黑色，带有白斑点。两条明显的黑色条纹从眼角内侧一直延伸到耳基部。内侧眼角到鼻部有一条白色条纹，鼻吻部白色。尾长（大约是头体长的 40%~50%），有环纹，至黑色尾尖。

牛加翼　绘图

黑颈鹤 *Grus nigricollis*

黑颈鹤是大型涉禽，体长1.1~1.2米，体重4~6千克。颈、脚甚长，通体羽毛灰白色，头部、前颈及飞羽黑色，眼先和头顶前方裸露的皮肤呈暗红色，尾羽褐黑色，腿和脚灰褐色。栖息于海拔2500~5000米的高原沼泽地、湖泊及河滩地带。繁殖于拉达克和中国西藏、青海、甘肃及四川北部一带，在印度东北部和中国西藏南部、贵州、云南等地越冬。是世界上唯一在高原生长、繁殖的鹤。

雪豹（*Panthera uncia*）、马麝（*Moschus chrysogaster*）生境图

本图描绘了高原雪山上的雪豹、马麝及其生境。雪豹皮毛灰白色，有黑色斑点，常在雪山岩石带活动。马麝全身灰褐色或黄褐色，颈部有较宽的暗褐色斑块，喜欢栖息在阴坡灌丛里。图中描绘了成年雪豹、幼年雪豹、成年雌雄马麝和幼年马麝，展现不同年龄段动物的特征。

牛加翼　绘图

雄马麝

本图进一步描绘了一只跳跃的雄性马麝。成年马麝体重 15 千克左右，体长 80~90 厘米，背部沙黄褐色或灰褐色，颈部有较宽的暗褐色斑块，其上有 4~6 个排成两行的棕色斑。雌、雄均无角。后腿比前腿长约 1/3，故臀高大于肩高。脚具 4 趾，侧趾很发达。雄性具发达的月牙状上犬齿，向下伸出唇外，雌性上犬齿小，未露出唇外。

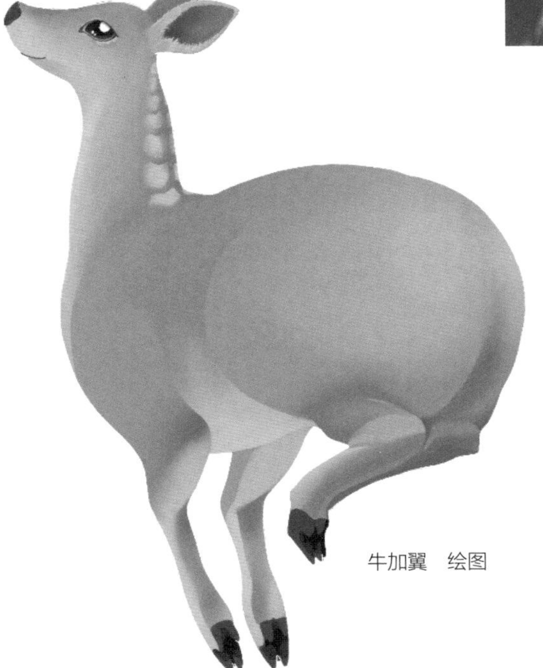

牛加翼　绘图

世界喀斯特地质地貌天然博物馆

石林世界地质公园被誉为“世界喀斯特地质地貌天然博物馆”。喀斯特地貌（亦称岩溶地貌），是指具有溶蚀力的水对石灰岩等可溶性岩石进行溶蚀等作用，所形成的各种地貌，包括石芽、石林、洼地、漏斗、地下河及湖泊等。

石林动植物世界

动植物与石林，经过千百年来的相互依附，相互适应，才有了今天的全貌。石林地区森林覆盖率为 42%，保存了典型的亚热带高原喀斯特生态系统。

这里有维管植物 889 种，其中，蕨类植物有 43 种，裸子植物有 13 种，被子植物有 833 种。记录有脊椎动物 185 种，其中哺乳类 42 种、鸟类 87 种、爬行类 32 种、两栖类 12 种、鱼类 12 种。

形成石林奇妙景观的是一种叫石灰岩的岩石，它最大的特点是容易被水溶蚀。这里气候湿润、降水丰沛、水系发达。流水就像一把无形的刻刀，不断地对石灰岩进行溶解和切割。

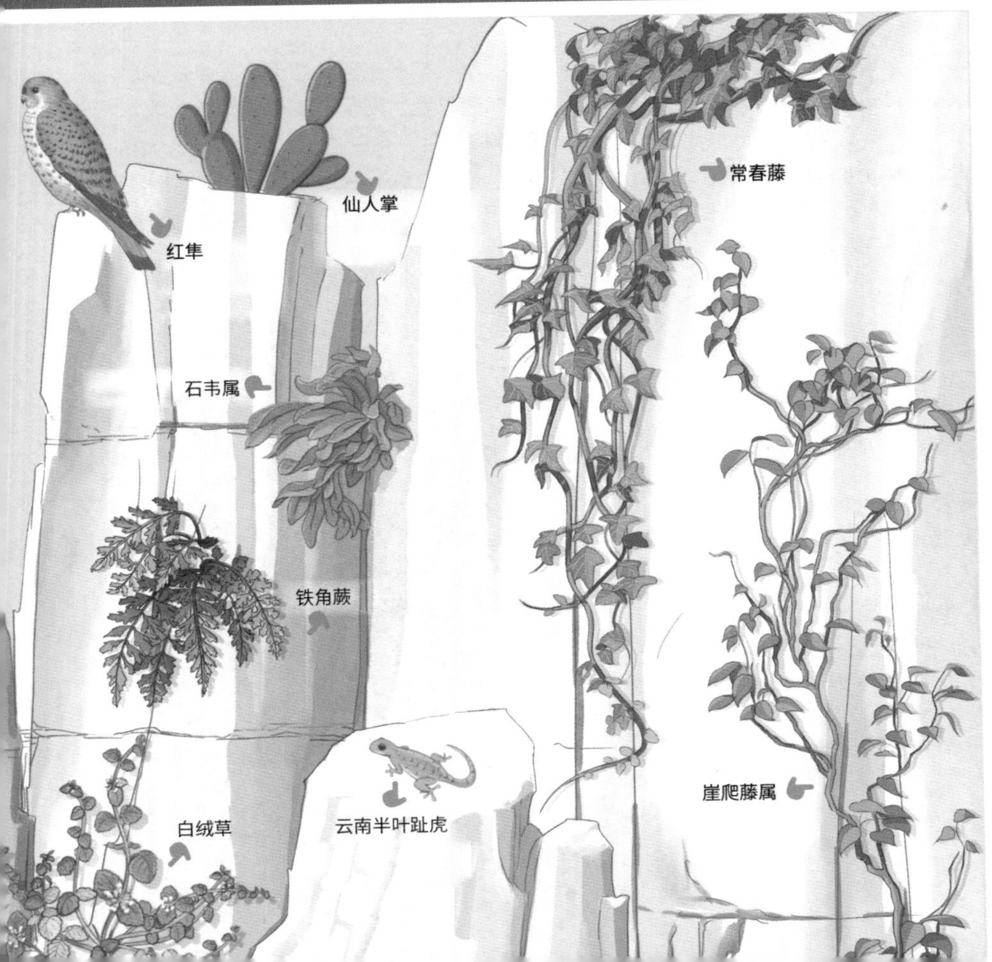

牛加翼　绘图

牛加翼　绘图

中国常见的 6 类松鼠

北松鼠（*Sciurus vulgaris*）全身黑灰色，腹部浅白，耳尖有长毛簇，尾毛很长且浓密。赤腹松鼠（*Callosciurus erythraeus*）通体橄榄色，腹部常为红色，尾部有浅浅的黑色环纹，有时尾尖黑色。岩松鼠（*Sciurotamias davidianuss*）整体棕黑色，有白眼圈，腹部白色。珀氏长吻松鼠（*Dremomys pernyi*）嘴比较尖，腹部白色。花鼠（*Eutamias sibiricus*）和花松鼠（*Tamiops* sp.）体形较小，颜色棕黄而鲜艳，区别在于花松鼠耳部有一撮小白毛，脸颊白毛与身体纹路不连续。

紫色的三色堇 *Viola tricolor*

春天野外最常见的小花，三色堇大多数黄蓝黑三色，花朵上黑点呈现鬼脸状态，非常可爱讨喜。作画的时候，最希望呈现它清新自然的状态。花的形态也是观察的重点，把握好颜色和形态，基本就能呈现三色堇的美！

庞都都　绘图

蓝色“lady”

这种花有个好听的名字，叫作“lady”，属于引进的角堇品种。花朵看上去摇曳生姿，像一只翩翩起舞的蝴蝶，颜色也不是单纯的蓝色或黄色，其中混合了其他色彩，例如绿色和紫色。整体看上去非常和谐，算是春季最唯美的小花之一了。

庞都都　绘图

庞都都　绘图

粉色的豌豆（*Pisum sativum*）花

豌豆花非常清新，像是翩翩起舞的粉衣仙女。第一眼看到这种花，我就被吸引了。画画的时候，主要希望呈现它的清新与唯美，因此没有完全追求写实。

蒲公英 *Taraxacum mongolicum*

野外随处可见的植物，它们全身都是宝，所以根茎花叶全都画了，希望呈现它们顽强的生命力。蒲公英的白色小花是我最喜欢的部分，毛茸茸的，非常可爱。

庞都都　绘图

田震琼　绘图

白腹锦鸡（*Chrysolophus amherstiae*）羽毛图

这些年对云南大理苍山的保护力度加大，人们不再猎杀野生动物，这种美丽的鸟越来越多。在海拔 3600 米的玉带路上，经常能看到它的倩影。它全身长着色彩丰富的羽毛，云南古代少数民族经常用它的尾羽作为装饰物。

灰叶猴 *Trachypithecus phayrei*

在云南的无量山地区，有一小部分灰叶猴种群还在繁衍生息。它们的毛闪着银色的光，幼崽毛色是橘黄色。由于自然环境的变化，灵长类野生动物大部分濒临灭绝，种群逐渐减少。

田震琼　绘图

马缨杜鹃 *Rhododendron delavayi*

云南很多园林和庭院都可以看到马缨杜鹃，红色的花朵十分喜庆。在大理苍山的西坡还生长着大片的野生马缨杜鹃林，到花季，半个山坡都被染成了红色。

田震琼　绘图

云南生物多样性全图（原作品尺寸为 200cm × 80cm）

云南是中国生物多样性最丰富的地区，有濒临灭绝的绿孔雀和为数不多的滇金丝猴。更有数不胜数的珍稀物种，画中选取了大部分云南特有种和以云南或大理命名的动植物鸟类以及昆虫，共计 63 种。

田震琼　绘图

田震琼　绘图

鸟殇

这幅画起名“鸟殇”，是因为经常在网络上看到一些人为伤鸟的图片，还有环境污染和人类产生的垃圾对鸟类生态的破坏。有感而发，把这些受伤的鸟集合在一起，给人们提个醒！

蓝玉簪龙胆

Gentiana veitchiorum

比较典型的高山花卉，没开花时就是一片绿色的野草，不太引人注意，一旦开花，那种晶莹剔透的蓝和花冠上的斑纹就特别显眼。

田震琼　绘图

大白杜鹃

Rhododendron decorum

苍山最常见的杜鹃，花大而白。与红色的杜鹃不同，它可是大理白族人最常吃的一种杜鹃。采回花朵去除花蕊部分，然后焯水，浸泡三天，或炒或炖。如今在大理的多数饭馆都可以吃到这种野味，但随着人们无节制的采摘，野生的越来越少，似乎也很难人工驯化。

Rhododendron decorum

田震琼　绘图

以下均由田震琼绘图

西南鸢尾 *Iris bulleyana*

在云南的大部分地区，这种漂亮的鸢尾因为分布很广，基本已经沦为野草。鸢尾有很多种，但在这高原之地以西南鸢尾为最多。蓝紫色的花瓣造型奇特而多样，虽然植株不是很高，但到了花期，成片的紫色还是蔚为壮观。

头花龙胆 *Gentiana cephalantha*

龙胆是三大高山花卉之一，种类非常多。普通人很难区分，统称为龙胆。大家都知道它是一种草药，具体能治什么病只有中医懂了。不过民间也拌在猪饲料里用来治疗猪肠炎。

杜鹃 *Rhododendron simsii*

俗名映山红，一种非常原始的野生杜鹃花。近年来经过驯化已经成为园林植物，经过各种人工杂交，又产生了更多的品种。云南少数民族有食花的传统，但这种红色杜鹃一般不被采用，人们认为红色的花有毒、白色的花比较安全。

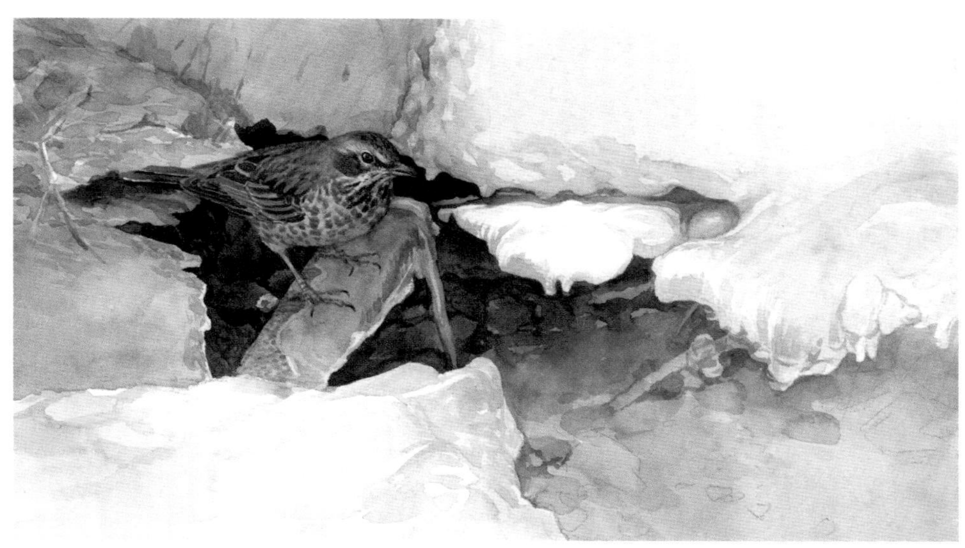

万伟　绘图

冰缝里的红尾鸫 *Turdus naumanni*

冬天的龙潭湖湖面全都结冰了，鸟儿们能喝到水的地方越来越少。湖中有一小片水域没有结冰，那是绿头鸭和鸳鸯的领地。那么不会游泳的鸟儿怎么办呢？让我没有想到的是，湖边竟然还有一处“活水”——漏水的水管。这里热闹非凡！燕雀、灰喜鹊、乌鸫、红尾鸫每天都会来喝水。当我在桥上观察的时候，一只红尾鸫喝了两口水，正抬头看我。

万伟　绘图

高原上的小藏狐 *Vulpes ferrilata*

生活在玉树的藏狐。这只小藏狐刚从妈妈的嘴里接来食物，食物就是可爱的高原鼠兔。都那么可爱，看谁吃谁都不忍心。但这就是自然法则吧。

以下均由万伟绘图

树洞里的纵纹腹小鸮

Athene noctua

这张画是根据“守护荒野”邢锐大队长拍摄的照片创作的。纵纹腹小鸮，个头小，头顶也很平，看上去很乖，很招人喜欢。我很喜欢这幅画的光线，阳光从大树中透过，洒落到树干和鸟儿身上，纵纹腹小鸮用惊恐的眼神看着我们。

槲鸫

Turdus viscivorus

2019 年春天，我在新疆蘑菇湖边看到这只小鸟静静地蹲在草丛里。据说它的叫声可预示风雨天气，还有个名字叫“绿啄木鸟”。

孵蛋的凤头䴙䴘

Podiceps cristatus

凤头䴙䴘搭建的巢穴属于浮巢，也就是浮在水面的巢穴。巢的直径约十几厘米，宽近一米，搭建这么大的巢可不是件容易的事。它们会选一些芦苇和蒲草进行铺设。巢穴搭建好后，雌性䴙䴘会一直在巢穴孵蛋，除了偶尔下水整理巢材加固巢穴，几乎片刻不离巢穴，时刻保持警惕。

以下均由万伟绘图

求偶的凤头䴙䴘

每当春季来临，万物复苏，凤头䴙䴘就会在湖面上演求偶表演。雄性凤头䴙䴘常常叼一根蒲草来献给雌性䴙䴘；有时候它们也会各叼一根蒲草来跳舞，或是站立在水面上扑腾，或是打开冠羽，甩甩头，互相对望。

白头硬尾鸭

Oxyura leucocephala

如果你对白头硬尾鸭感到陌生，那么你肯定知道唐老鸭——原型就是白头硬尾鸭。白头硬尾鸭每年 4~10 月在新疆，10~11 月迁徙至非洲或南亚越冬。中国是它们分布范围的边缘，仅见于新疆三四个湖泊。白头硬尾鸭也被列为全球濒危物种。

筑巢的麻雀

Passer montanus

动物们需要适应城市的生活环境，古建筑屋檐下是麻雀最爱的筑巢场所。每年春季，它们会用枯草、树枝来打造自己的小家。

喂食的家燕 *Hirundo rustica*

万伟　绘图

家燕喜欢在屋檐下筑巢，我外婆家屋檐下曾经就有燕子窝。也曾经在山东海边的餐厅屋檐下观察到几窝家燕的巢，相隔不远。家燕妈妈冒雨出去捕食，每隔几分钟或者十分钟就会回来。窝里三只小宝宝张大了嘴大声叫，争着要食吃。

万伟　绘图

天坛再也没有长耳鸮 *Asio otus*

2015 年最后一次在天坛见到长耳鸮。来天坛公园娱乐健身的人越来越多，噪声让长耳鸮无法习惯。还有一些摄影爱好者不顾动物的感受，逼迫长耳鸮飞行表演。灭鼠行为据说也对长耳鸮的生存带来了打击，人们对田鼠下毒，长耳鸮吃了田鼠也会中毒。希望以后还能在城里见到它吧。

紫色沼泽鸡
Porphyrio porphyrio

汪敏　绘图

秧鸡科紫水鸡属。中文也叫紫水鸡，英文名 Purple Swamphen。紫水鸡有澳大利亚亚种、印尼亚种、云南亚种、马达加斯加亚种、土耳其亚种等 13 个亚种，分布较广。栖息于沼泽水域，很少游水，更善行走，以昆虫、软体动物、水草等为食。

红脸地犀鸟 *Bucorvus leadbeateri*

地犀鸟科地犀鸟属。英文名 Southern Ground Hornbill。红脸地犀鸟分布于非洲南部，体形很大，长 1 米左右，重量可达 6 千克。栖息于树上，但大部分时间在陆地上活动，捕食昆虫、蛇、鱼、蛙和啮齿类动物等。

汪敏　绘图

以下均由汪敏绘图

藏马鸡

Crossoptilon harmani

雉科马鸡属。也叫哈曼马鸡，英文名 Tibetan Eared-Pheasant。藏马鸡主要分布在中国西藏境内喜马拉雅山东北麓和念青唐古拉山脉。栖息于山地灌丛和森林中，主要以植物的叶、芽、果实和种子等为食，也吃少量昆虫等动物性食物。

褐鹈鹕

Pelecanus occidentalis

鹈鹕科鹈鹕属。也叫棕鹈鹕，英文名 Brown Pelican。褐鹈鹕有 6 个亚种，分布在从美国新泽西州到亚马孙河口的大西洋沿岸，以及从加拿大不列颠哥伦比亚省到智利北部的太平洋沿岸。栖息于江河湖泊、沿海和沼泽等水域，主要捕鱼为食。

巨鹭

Ardea goliath

鹭科鹭属。英文名 Goliath Heron。巨鹭平均体高 1.5 米，体重 4~5 千克，翅膀伸开后最长可达 2.3 米，是世界上最大的鹭科鸟类。巨鹭主要分布于非洲撒哈拉以南以及西亚和南亚地区。栖息于湖泊、河口、沼泽及红树林等水域，以鱼虾蟹蛙、蜥蜴、蝗虫等动物性食物为食。

以下均由汪敏绘图

豆雁 *Anser fabalis*

鸭科雁属。英文名 Bean Goose。豆雁有 6 个亚种，分布于中国、西伯利亚、冰岛和格陵兰岛东部，在西欧、伊朗、朝鲜、日本、中国长江中下游到台湾和海南岛越冬。豆雁的不同亚种栖息环境不同，既有苔原地带也有针叶林地带，以植物性食物为主。

游隼 *Falco peregrinus*

隼科隼属。英文名 Peregrine Falcon。游隼分布于除新西兰以外地球上任何地方。主要栖息于山地、丘陵、半荒漠、沼泽和湖泊沿岸地带，也出现在农田和村庄附近，主要捕食野鸭、斑鸠、燕子、鸽子等鸟类，偶尔也猎捕鼠类和野兔等小型哺乳动物。

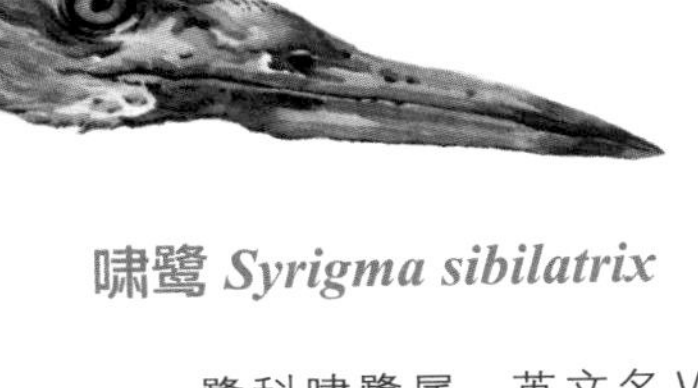

啸鹭 *Syrigma sibilatrix*

鹭科啸鹭属。英文名 Whistling Heron。啸鹭有 2 个亚种，分布于南美洲，最显著的特征是喙长、颈长、腿长，因叫声响亮而得名。大多栖息于湿地或者附近林地的树上，以旱地和湿地的昆虫为食物，尤其喜食蜻蜓。

王澄澄　绘图

令箭荷花 *Nopalxochia ackermannii*

即便已经失去生命，也无法掩盖它曾经拥有过的热烈生命。纤细干枯的花瓣、错综复杂的皱纹肌理、艳丽红色的细微变化不断激发我内心对它的欣赏，从而有动力将它画下。

王澄澄　绘图

美人蕉 *Canna indica*

我们无法避免花的凋零，但是随着内心的成熟，我们赞美它娇艳欲滴的美，也欣赏它即将枯萎时独特的姿态与颜色，更重要的是看到事物老去的自然规律之美。

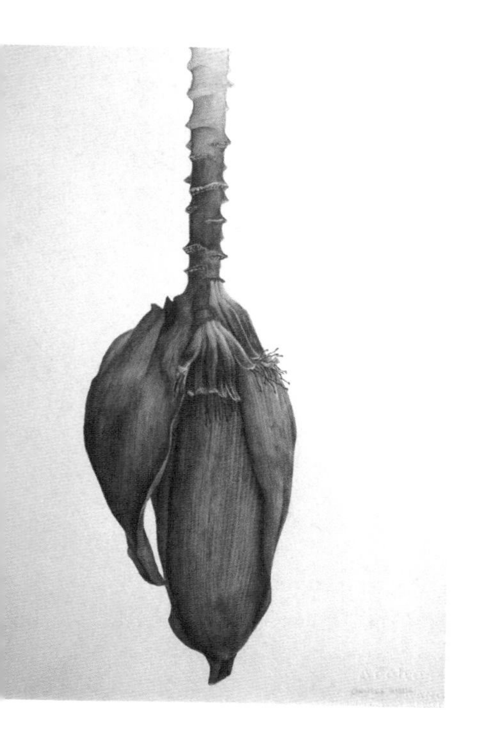

芭蕉 *Musa basjoo*

最上层的苞片已经掉落，花也开始枯萎，其中一些即将发育成果，迈入新的生命旅程。但是最底端的花还在苞片的怀抱之中，尚未做好迎接访花者和阳光的准备。

王澄澄　绘图

二乔玉兰
Yulania × soulangeana

枝条姿态舒展而优美，顶生的花朵安眠于毛茸茸的苞片之内，却被一阵大风改写了命运，落在地上失水，走向干枯。

王澄澄　绘图

华山松 *Pinus armandii*

松科松属的著名常绿乔木，原产于中国。针叶 5 针一束，稀 6~7 针一束，属于阳性树，但幼苗喜一定庇荫，不耐炎热。

王琴　绘图

绿头鸭

Anas platyrhynchos

鸭科鸟类，属于家鸭的祖先。绿头鸭主要栖息于水生植物丰富的湖泊、河流、池塘、沼泽等水域中，主要以野生植物的叶、芽、茎、种子和水藻等为食，也吃软体动物、甲壳类、水生昆虫等动物性食物。

王琴　绘图

王琴　绘图

蔬果

日常生活中可见的蔬果，打算画一个系列，目前只画到这 4 种。水彩绘图。

莲 *Nelumbo nucifera*

莲科莲属多年生水生草本；根状茎横生，肥厚，节间膨大，内有多数纵行通气孔道，节部缢缩，上生黑色鳞叶，下生须状不定根。种子供食用，叶、叶柄、花托、花、雄蕊、果实、种子及根状茎均可作药用。

王琴　绘图

石榴 *Punica granatum*

千屈菜科石榴属。中国栽培石榴的历史可上溯至汉代，据记载最早由张骞从西域引入。性味甘、酸涩、温，具有杀虫、收敛、涩肠、止痢等功效。中国传统文化视石榴为吉祥物，象征着多子多福。

王琴　绘图

水杉
Metasequoia glyptostroboides

裸子植物，柏科水杉属，在中生代白垩纪和新生代约有 6~7 种。过去认为早已绝灭，1941 年中国植物学者在湖北利川谋道镇（当时四川万县磨刀溪）首次发现这一闻名中外的古老珍稀孑遗树种。

王琴　绘图

王琴　绘图

榧 *Torreya grandis*

红豆杉科榧属，别名香榧、野榧、羊角榧、榧子，常绿针叶乔木。分布于中国江苏、福建、安徽、江西、湖南、浙江、贵州、辽宁、山东等地。在浙江诸暨及东阳等地栽培历史悠久。

乌桕大蚕蛾 *Attacus atlas*

乌桕大蚕蛾是鳞翅目大蚕蛾科的一种大型蛾类，也是世界最大的蛾类，翅展可达180~210毫米。其翅面呈红褐色，前后翅的中央各有一个无鳞粉的三角形透明区域，周围有黑色带纹环绕。前翅先端整个区域向外明显地突伸，像是蛇头，呈鲜艳的黄色，上缘有一枚黑色圆斑，宛如蛇眼，有恫吓天敌的作用，因此又叫作蛇头蛾。

王琴　绘图

春兰 *Cymbidium goeringii*

兰科兰属地生植物。春兰在中国有悠久的栽培历史，多盆栽作为室内观赏花卉。开花时有特别幽雅的香气，为室内布置的佳品。其根、叶、花均可入药。

王琴　绘图

王琴　绘图

鬼吹箫 *Leycesteria formosa*

忍冬科鬼吹箫属植物，分布于中国四川西部、贵州西部、云南（西南部除外）和西藏南部至东南部。一种中药材，具有破血调经、祛风除湿、化痰平喘、利水消肿的功效。

多鳃鱼复原图

云南泥盆纪古生物代表多鳃鱼复原图。

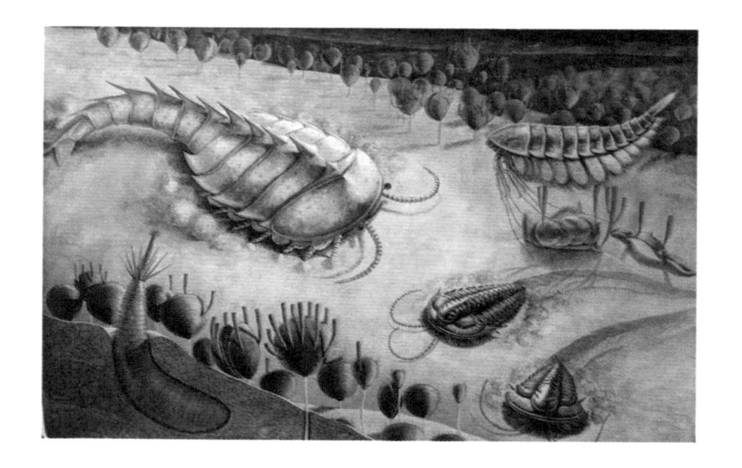

广卫虾复原图

云南早寒武纪关山生物群古生物具刺广卫虾生活场景复原图。

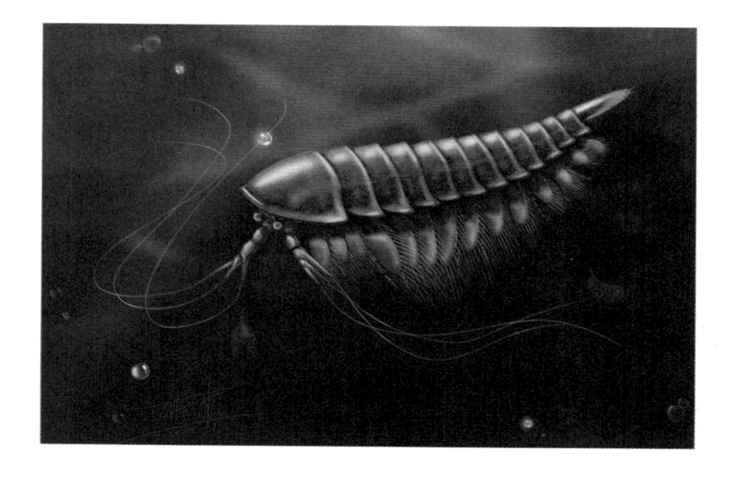

林乔利虫复原图

云南澄江生物群古生物迷人林乔利虫复原图。

以上均由王晓东绘图

南疆莱德利基虫复原图

云南新发现的三叶虫南疆莱德利基虫复原图。

玺螺蛳化石未定种复原图

云南滇东地区发现的更新世时期玺螺蛳属化石未定种复原图。

中间型古莱德利基虫复原图

云南澄江生物化石群中的一种三叶虫，中间型古莱德利基虫复原图。

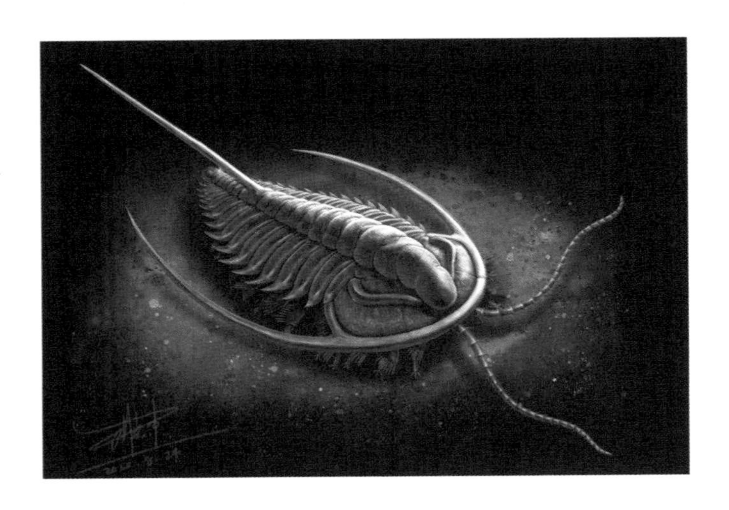

以上均由王晓东绘图

永川龙之巨龙崛起

自贡的上游永川龙捕食复原图。作品创作期间正好赶上建党 100 周年及国庆，因此加入党旗和国旗为背景。

王晓东　绘图

王晓东　绘图

螺蛳化石素描

云南中新世螺蛳化石素描图（A）。云南早更新世螺蛳化石素描图（B）。云南中新世螺蛳化石素描图（C）。

王浥尘　绘图

中华猕猴桃 *Actinidia chinensis*

猕猴桃科猕猴桃属，我国特有的珍贵野生果树。金秋十月行走在山中，经常能看到它们的身影，特别诱人。中华猕猴桃是大型落叶藤本植物，叶片单叶互生，背面有密密麻麻的灰白色或者淡褐色星状茸毛。花单性，雌雄异株，有时候看到光开花不结果的中华猕猴桃，就能发现它其实是个“男孩子”。我国猕猴桃属资源非常丰富，共 52 种，主要分布于秦岭以南和横断山脉以东，中华猕猴桃是这些种类中果实较大的一种。

王浥尘　绘图

匍茎卷瓣兰
Bulbophyllum emarginatum

兰科石豆兰属，国家二级保护野生植物。作品绘制的是杭州植物园引种的匍茎卷瓣兰，历时一个多月。这批匍茎卷瓣兰来到杭州植物园有一段奇特的经历。一位植物爱好者在墨脱旅游的路上发现当地在修路，这些匍茎卷瓣兰被挖出丢在了路边。这位植物爱好者不忍它们就此死去，于是收集起来，赠送给了3000多公里外的杭州植物园。它们在杭州植物园安了家，经过精细养护，于2020年开出了美丽的花朵。

马兜铃 *Aristolochia debilis*

马兜铃科马兜铃属。在开展西溪湿地植物调研的过程中发现了这株植物。它缠绕在水边的树上，纤弱的茎缠绕成一挂绿色的帘子，隐约能看到形态特殊的花朵。随着西溪湿地生态保护的推进，越来越多的野生植物在湿地安了家，希望不久的将来能看到越来越多的本土植物在这里茁壮生长。

王浥尘　绘图

珙桐 *Davidia involucrata*

蓝果树科珙桐属乔木，为中国特有的孑遗植物，有“植物活化石”之称，被列为国家重点保护野生植物。珙桐也是全世界著名的观赏植物，因花形酷似展翅飞翔的白鸽而被西方植物学家命名为“中国鸽子树”。野生种只生长在中国西南的四川省、中部的湖北省和周边地区。

王浥尘　绘图

伯乐树 *Bretschneidera sinensis*

叠珠树科伯乐树属乔木，是中国特有的第三纪孑遗植物，被誉为“植物中的龙凤”。在研究被子植物的系统发育和古地理、古气候等方面有重要科学价值，被《世界自然保护联盟濒危物种红色名录》列为近危植物，也是国家重点保护野生植物。产四川、云南、贵州、广西、广东、湖南、湖北、江西、浙江、福建等省区。生于低海拔至中海拔的山地林中。越南北部也有分布。

王浥尘　绘图

花榈木 *Ormosia henryi*

豆科红豆属常绿乔木，国家重点保护野生植物。花榈木木材致密质重，纹理美丽，可作轴承及细木家具用材；根、枝、叶入药，能祛风散结，解毒去瘀；又为绿化或防火树种。枝条折断时有臭气，浙南俗称“臭桶柴”。产安徽、浙江、江西、湖南、湖北、广东、四川、贵州、云南（东南部）。越南、泰国也有分布。

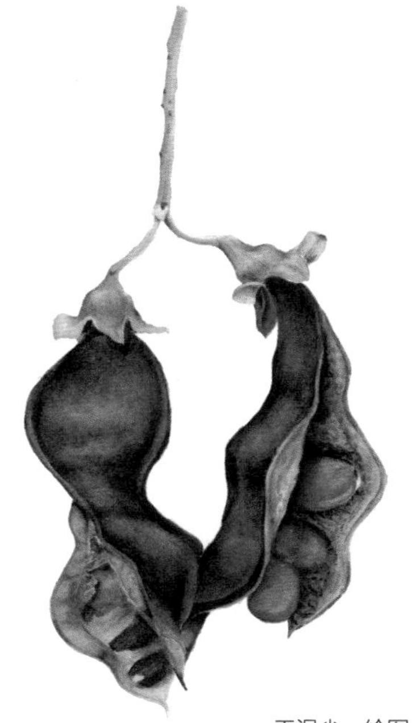

王浥尘　绘图

血红肉果兰 *Cyrtosia septentrionalis*

兰科肉果兰属。植株较高大，根状茎粗壮，茎直立，红褐色；花黄色，花期 5~7 月；果实肉质，血红色；种子周围有狭翅。分布于浙江和安徽西南部、河南西部、湖南及日本（包括琉球群岛）。生长于海拔 1000~1300 米林下。本种极稀少，民间将其作为常用草药，采挖严重。

王浥尘　绘图

显脉金花茶 *Camellia euphlebia*

山茶科山茶属灌木或小乔木，国家重点保护野生植物。花瓣金黄色，一般 2 月开花。分布于中国广西防城、东兴，生于非石灰岩的石山常绿林下。热带性树种。显脉金花茶除可作观赏花卉外，还可作药品、保健品、饮料，也是野生木本油料树种。显脉金花茶野外分布区狭窄，再加上生境植被因砍伐遭到破坏、本身的观赏与药用价值导致野生苗木被盗挖、果实受鼠兽为害，生存受到极大的威胁。

王浥尘　绘图

台湾独蒜兰 *Pleione formosana*

兰科独蒜兰属半附生或附生草本，国家重点保护野生植物。花期 3~4 月，花白色至粉红色，唇瓣色泽常略浅于花瓣，上面具有黄色、红色或褐色斑，有时略芳香。生于海拔 600~2500 米林下或林缘腐殖质丰富的土壤和岩石上。产台湾、福建西部至北部（连城、上杭、武夷山）、浙江南部和江西东南部。

王浥尘　绘图

王浥尘　绘图

夏蜡梅 *Calycanthus chinensis*

蜡梅科夏蜡梅属，国家重点保护野生植物，为第三纪孑遗物种，由郑万钧和章绍尧于 1964 年命名。产于浙江昌化及天台等地。生于海拔 600~1000 米山地沟边林荫下。夏蜡梅花大，花型奇特，观赏价值高，可在园林绿地中应用。夏蜡梅还可入药，有解暑、清热、理气、止咳等功效。

吴秦昌 绘图

槭叶铁线莲 *Clematis acerifolia*

毛茛科铁线莲属小灌木，北京著名的早春观花植物，常生长在悬崖峭壁的石缝中，被誉为“京西崖壁三绝”之一。槭叶铁线莲是珍贵的北温带古老植物分类群的残余物种，1879年由俄国医生莱茨克尼德博士在北京百花山发现，1897 年由俄罗斯植物分类学家马克西莫维奇正式命名。由于京西石灰岩山地生境条件严苛，加上人类活动影响，其种群逐年减少，已经严重濒危，被北京市列为重点保护野生植物。作品用签字笔和针管笔搭配，画出生境和植株的整体形态。同时以放大图、剖面图等画出营养器官、生殖器官的识别特征。

附图：1. 叶；2. 宿存花柱；3. 花朵（示花萼）；4. 花蕊群；5. 雄蕊；6. 雌蕊。

吴秦昌　绘图

独根草 *Oresitrophe rupifraga*

虎耳草科独根草属，别名岩花、小岩花、山苞草、爬山虎。生于石灰岩质山地的潮湿缝隙，每年 4~5 月开花，与槭叶铁线莲花期重叠。独根草的模式标本来自北京龙泉寺、西域寺。它最显著的特征是叶片在花后才长出。独根草除了有观赏、药用价值外，还是典型的石灰岩指示植物。现被定为北京市重点保护野生植物。作品画出生境和植株的整体外形特征，并把不同生长期的花和叶安排在同一画面内。同时画出了独根草各器官的细节图。

附图：1. 花序局部；2. 花蕊群；3. 萼片；4. 雄蕊；5. 雌蕊；6. 心皮横切（示种子）。

吴秦昌　绘图

房山紫堇 *Corydalis fangshanensis*

罂粟科紫堇属多年生草本，别名石黄连。在各类植物志中，以“房山”这样的小地方命名的植物较为稀少，可见其分布地域狭窄。房山紫堇模式标本采自北京房山区上方山圣水峪。1978 年《北京植物志》首先发表该物种，命名人为植物分类学家王文采院士和华北植物分类学家、北京师范大学贺士元教授。现被列为北京市重点保护野生植物。作品以密集的点线，细致地刻画了房山紫堇所处的崖壁石缝，以及植株的整体外形。

附图：1. 复叶；2. 花序；3. 下花瓣；4. 内花瓣；5. 上花瓣；6. 雌蕊；7. 雄蕊；8. 蒴果。

飞鸭兰 *Caleana major*

兰科飞鸭兰属，花朵侧面像极了一只只凌空飞起的小鸭子，极具萌态，非常生动，故有飞鸭兰之称。

吴秀珍（出离） 绘图

石韦 *Pyrrosia lingua*

水龙骨科石韦属中型附生蕨类植物，植株高可达 30 厘米，附生于海拔 100~1800 米林下树干或稍干的岩石上。

吴秀珍（出离） 绘图

中国无忧花 *Saraca dives*

豆科无忧花属常绿乔木。枝叶浓密，花大而色红，盛开时远望如团团火焰，因而又名火焰花。

吴秀珍（出离） 绘图

吴秀珍（出离） 绘图

槲蕨 *Drynaria roosii*

水龙骨科槲蕨属蕨类植物，通常附生岩石上，匍匐生长，或附生树干上，螺旋状攀缘。

玉带凤蝶 *Papilio polytes*

凤蝶科凤蝶属，雌雄异型。雌蝶有多个形态，斑纹变化很大。雄蝶后翅有横列的白斑，横贯全翅，形似玉带。玉带凤蝶喜爱访花，尤其喜爱马缨丹、龙船花、茉莉等植物，寄主植物多为木兰科植物和芸香科植物。

吴秀珍（出离） 绘图

葫芦藓 *Funaria hygrometrica*

葫芦藓科葫芦藓属苔藓类植物。植物体丛集或大面积散生，呈黄绿色带红色。

吴秀珍（出离） 绘图

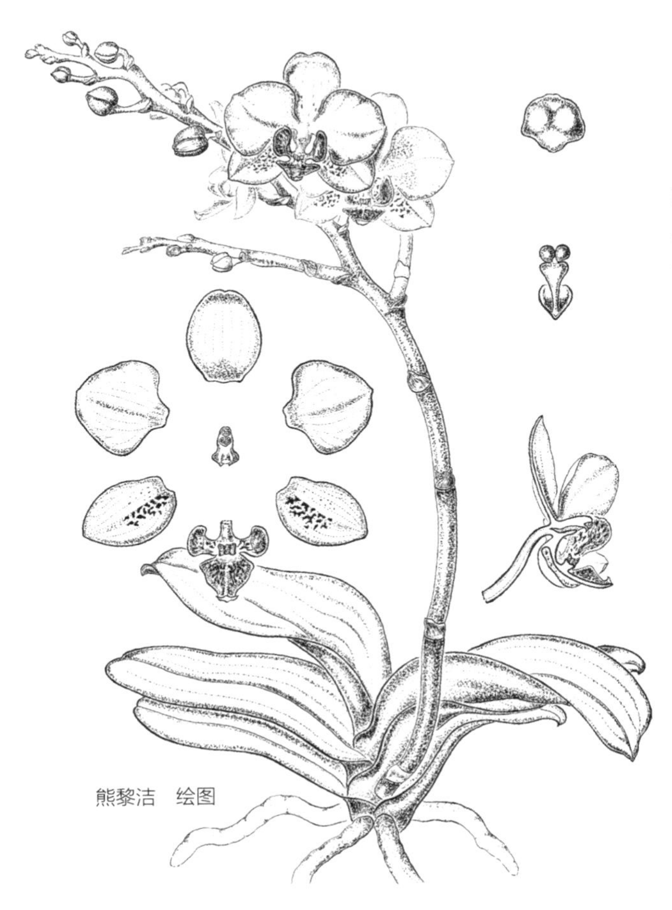

杂交蝴蝶兰 *Phalaenopsis hybrid*

兰科蝴蝶兰属，属名由希腊语phalaina（蛾）和opsis（外形）构成，形容花朵如飞蛾，英文“Moth Orchids”（蛾子兰）。蝴蝶兰为多年生单茎附生草本。茎很短，由多枚基生且交互生长的叶鞘包被而不易见。长扁或圆柱形的肉质根从茎的基部或下部的节抽出。叶片扁平，椭圆形、长圆状披针形至倒卵状披针形，通常较宽，基部略收狭，具关节和抱茎的鞘，花期宿存或掉落。花序侧生于茎的基部，直立或斜出。花序柄绿色，粗4~5毫米，被数枚鳞片状鞘；花序轴紫绿色，多少回折状，常具数朵由基部向顶端逐朵开放的花。兰花的特征有三：一是合蕊柱；二是唇瓣；三是花粉团。在创作作品时，除了表现植株的整体外观形态，就是着重刻画这些独特且复杂的结构。

熊黎洁　绘图

以下均由徐榕泽（芥末）绘图

马卡龙重瓣绣球

绣球花科绣球属。这款绣球有着粉蓝马卡龙色系的渐变，清新柔和，如梦如幻。层层叠叠的花瓣使它在浪漫上多了一分精致。作品利用水彩颜料显色通透轻薄的特点，多用重叠涂抹加深的技法，将它细腻地刻画现出来。

秋色重瓣绣球

秋色绣球因为颜色与秋天的落叶色彩相似而得名，复古而优雅，自带油画般的高级感。开始画这幅作品刚好处于 10 月，用水彩来表现光影和明暗参差，笔尖一点点戳出它的斑驳。这浓浓的氛围感，让人不禁感叹这才是秋天该有的颜色啊。素材来自“小豆子猪”。

蓝色爆米花绣球

此款绣球因其半重叠、卷曲的花瓣形状神似爆米花而得名，极具辨识度。它的花瓣小而密，花型紧凑，俏皮又可爱，蓝紫的色彩又赋予它静谧的感觉。这幅画在造型塑造上花费了更多的工夫，通过颜色的明暗对比来呈现每个花瓣的褶皱和包裹感，是抓住它特点的关键。

以下作品是为西北大学生命科学学院灵长类进化研究团队绘制的亚洲叶猴系列。

许宁　绘图

肖氏乌叶猴 *Trachypithecus shortridgei*

肖氏乌叶猴有一张“网红脸”：面部皮肤为亮黑“包公色”，还有一对狭窄而斜飞入鬓的黑色眉带，腮边两撇“八字胡”，让人一见难忘。在国内主要分布于独龙江中下游。因分布区域较狭窄与碎片化，目前独龙江的肖氏乌叶猴种群数量仅有250~370只。该物种不喜人类干扰，行迹隐秘，故很难接近和了解。目前被列为濒危物种、国家一级重点保护动物。

许宁　绘图

黑叶猴 *Trachypithecus francoisi*

黑叶猴体形纤瘦，头部较小，尾巴和四肢细长。头顶有一撮竖直立起的黑色冠毛。两颊有白毛，形状好似两撇胡须，十分有趣。黑叶猴不仅采食嫩叶，也吃嫩芽、茎、花、果实和种子等。分布于中国重庆、贵州、广西，以及越南北部。国家一级重点保护动物。

许宁　绘图

喜山长尾叶猴 *Semnopithecus schistaceus*

4 月的喜马拉雅山脉，一只在山地生活的喜山长尾叶猴正在享用天师栗（*Aesculus chinensis* var. *wilsonii*，俗名娑罗果）的嫩芽。它们冬季会在山谷里过冬，春季随着雪线上升向山上迁移。山地寒冷残酷的生活环境，让它们生性友好，喜欢群体生活。为国家一级重点保护动物。

许宁　绘图

印度乌叶猴 *Trachypithecus johnii*

一只印度乌叶猴（又称尼尔吉里长尾叶猴）正坐在聚果榕（*Ficus racemose*）上吃着果实。这种灵长类动物的体表有带光泽的黑色皮毛，头上有金棕色的皮毛。分布于印度西南部的西高止山脉。主要以各种植物的叶子为食，此外还吃水果、种子、草药和植物的其他部分，以及一些昆虫。由于栖息地破坏和偷猎严重，该物种被归类为易危物种。

凤眼莲

Eichhornia crassipes

雨久花科凤眼莲属，曾被喻为“美化世界的淡紫色花冠”，作为观赏植物引种栽培，没想到过度泛滥，被列入世界百大外来入侵种之一。它膨大的叶柄内有许多多边形柱状细胞组成的气室，适于水生环境。

荀一乔　绘图

羊踯躅

Rhododendron molle

杜鹃花科杜鹃花属落叶灌木，又名闹羊花、黄杜鹃、黄色映山红。金黄色的花瓣虽然美丽，但羊踯躅是有毒植物，羊踯躅毒素易使人畜麻醉、步履蹒跚、丧失知觉，犹如醉酒。正所谓“可远观不可亵玩焉”。

荀一乔　绘图

以下均由荀一乔绘图

相思子 *Abrus precatorius*

豆科相思子属攀缘灌木，别称鸡母珠。生于山地疏林中，广布于热带地区。种子有剧毒，色泽华美，质坚，也可作装饰品，外用治皮肤病；根、藤入药，可清热解毒和利尿。

半夏 *Pinellia ternata*

天南星科半夏属，花序外具佛焰苞，块茎晒干可以做药。生长于夏至日前后，夏天也过半，故名半夏。幼苗叶片一开始为心形至兔耳朵形状，长成老叶片后3全裂，看起来好似三片叶，其实是一片。

商陆 *Phytolacca acinosa*

商陆科商陆属多年生草本植物，因为形态土人参而被各地误当作土人参栽种。根肥肉质，圆锥形，可入药，以白色肥大者为红根有剧毒，仅供外用。商陆属还有另一垂序商陆，区别特征在于其果序下垂。

石蒜 *Lycoris radiata*

石蒜科石蒜属，俗名曼珠沙华、彼岸花，花叶两不相见，开花不长叶，长叶不开花。鳞茎球形，可入药，叶片狭带状，中间有粉绿色带。花鲜红色，有很高的观赏价值。

荀一乔　绘图

美女樱
Glandularia × hybrida

马鞭草科多年生草本植物，原产于南美洲，开花部分伞房状，花色有白、红、蓝、雪青、粉红等多种，可作盆花或大面积栽植，布置于花台、花园、林隙地、树坛中，观赏性极强。

荀一乔　绘图

韩信草 *Scutellaria indica*

唇形科黄芩属多年生草本植物，叶片心状，蓝紫色的唇形花总是朝茎一侧开放。种子卵形，好似挖耳勺，故俗名“耳挖草”。全草株入药，民间传说治好过韩信，由此得名。

荀一乔　绘图

蓬藟 *Rubus hirsutus*

蔷薇科悬钩子属灌木，花白色，有香气。果实鲜红色，果汁具有特殊的香味，色泽如宝石，好似野草莓。耐修剪，全株可入药。顽强的生命力使它成为悬钩子属较宝贵的育种亲本材料。

荀一乔　绘图

严岚　绘图

山野里的小植物

那是一次寻找野生兰科植物并拍照记录的野外工作，沿途的小植物吸引了我的全部注意力，毕竟兰花不好找而野花遍地都是。无论在车来车往、遍布灰尘尾气的乡村公路边，还是山沟潮湿背阴的青苔岩石缝里，它们都自得其乐。植物没有那么多想法，只有努力向阳而生的本能。

作品整合了偶遇的植物，绘制在一起：

圆叶汉克苣苔（*Henckelia dielsii*），苦苣苔科汉克苣苔属多年生草本；

半月形铁线蕨（*Adiantum philippense*），凤尾蕨科铁线蕨属蕨类植物；

齿瓣虎耳草（*Saxifraga fortunei*），虎耳草科虎耳草属植物，俗名中华虎耳草；

秋海棠属植物（*Bagonia* sp.），未查到具体种名；

水鳖蕨（*Asplenium delavayi*），铁角蕨科铁角蕨属植物；

矛叶荩草（*Arthraxon lanceolatus*），禾本科荩草属植物。

严岚　绘图

月季“波列罗舞”*Rosa Floribunda* ‘Bolero’

这是一种重瓣大花、有着强烈玫瑰香味的法国月季，国内不少花友都有栽培种植，这幅作品源于自己栽培、拍摄的素材。我母亲非常喜爱月季花，从我记事起，不管经历多少次大大小小的搬家，即便生活窘迫和不易，家里也总有一两盆月季，花谢花开几乎不间断。画面从左往右，展示花蕾、初开、盛放至即将凋谢，象征着一个女人从少女至暮年的美丽人生。（画作完成后送给了妈妈。）

严岚　绘图

东亚蝴蝶兰 *Phalaenopsis subparishii*

兰科蝴蝶兰属，又名短茎萼脊兰。每年冬去春来气温回暖时，东亚蝴蝶兰会用一种神奇的速度宣告生长季来临。春末初夏开花，芬芳的花香弥漫了一整片花棚。等到寒冷干燥的冬季，它们又变成皱巴巴的模样，蛰伏着等待时机来临。每株东亚蝴蝶兰都是不同的个体，有着自己的模样，野生兰花的迷人之处正在于此。我选了花瓣非常圆整、花色不同的两株东亚蝴蝶兰记录在画纸上。时隔多年，在写下这些文字的时候，仍然记得身处一片蝴蝶兰花海的感动。

开花的黑麦草（*Lolium perenne*）小穗

禾本科黑麦草属。长江流域常见。平日是最不起眼的杂草，2020 年春，武汉疫情解封之时，在小区楼下第一次注意到它。正值花季，微小而娇黄的雄蕊和透明的雌蕊缀满花穗，在春光下、微风中招摇。我立刻想到武汉无数的抗疫英雄，平日低调沉默，疫情中却突然光芒万丈。我想用画笔赞美身边的平凡，于是将只有 13 毫米长的小穗放大 18 倍进行了绘制。在保证细节准确性的同时，我将最上端的一朵花进行了人为扭转，以便观者清晰地看到内部结构。

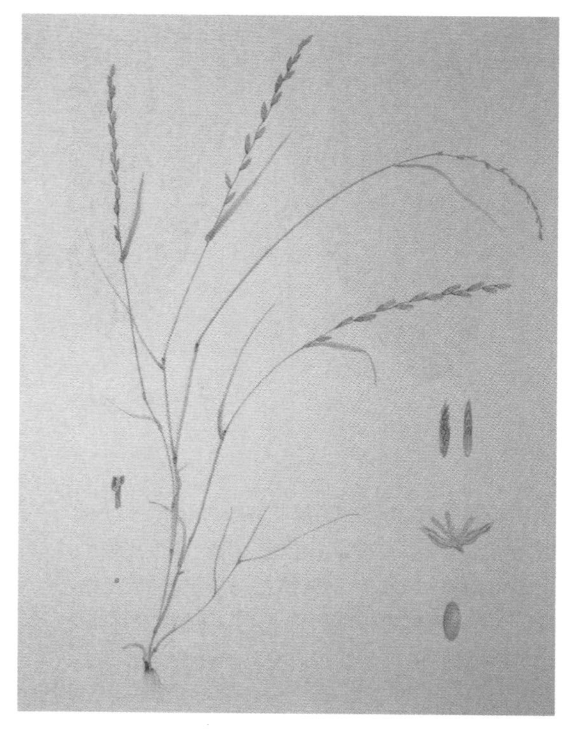

黑麦草全株

此图补充了黑麦草的更多细节。

阎菁菁（三月草） 绘图

杨绮　绘图

菊花“虎头”

作品完成于2022年辞旧迎新之际。壬寅新年是中国生肖虎年，而菊花在中国文化里是花中四君子之一，体现着高洁和康寿的美好意象。菊花“虎头”花色如金，层层展开的花瓣中闪着丝丝的胭脂红，开放的形态虎虎有生气。我以“虎头”初开的造型为基础，用简练细腻的线条表现内在的张力，表达对新一年的期盼。

杨绮 绘图

三千岁寿柏：“九搂十八杈”

据北京古树普查，这株名为“九搂十八杈”的侧柏年代可追溯至周朝，是北京地区已知最古老的侧柏。2020 年夏季，我专程驱车到北京密云新城子镇写生。当看到这株古老侧柏时，瞬间有种穿越之感和心灵与之对话的震撼。它虽然历经三千余年风云，电闪雷劈、战火硝烟、自然灾害……至今依然挺拔，郁郁苍苍，不能不说是大自然的神话与奇迹！为表现这株古树厚重的历史感，从最初确定主题到完成画稿，前后历时三个月。作品运用疏密、粗细、深浅、长短、虚实、曲折的线条关系，一层一层地铺设造型，力求表现出树干的苍虬、树叶的苍郁。一个偶然的机会让我了解到，有一枝树杈曾被偷伐，于是我在画面上刻意画出残缺的断口，希望一代又一代人真正敬畏自然，保护好存之不易的珍稀古木。

杨绮 绘图

槐柏合抱

取材自北京中山公园，是北京有记载的古树。一株600余年的古侧柏裂开的主干间，自然寄生着一株200多年的古国槐，古柏苍劲峭拔，古槐巍然挺立，两树合抱，共同繁茂，生机勃勃。国槐和侧柏是北京市的市树，是北京这个“双奥”之城最具代表性的植物。2021年7月，国际奥委会通过了奥林匹克新格言，在“更快、更高、更强”的基础上，增加了“更团结”。这让我对“冬奥之花”的博物画创作有了进一步的思考。最终决定以“槐柏合抱”作为创作对象，借植物的共荣共生来传递对奥林匹克团结、友谊、和平的宗旨及理念的赞颂。

杨绮　绘图

软枣猕猴桃

植物样本取自北京与河北交界的雾灵山。雾灵山是燕山山脉主峰，4.5 亿年前，那里还是一片汪洋大海；新生代第三纪出现被子植物、脊椎动物，温带落叶森林形成；第四纪冰川至今，雾灵山针叶阔叶混交林形成。雾灵山奇峰林立、峡谷幽深、植被葱郁、泉涌飞流，是国家级自然保护区，也是华北地区生物资源宝库。软枣猕猴桃生长在大山深处，大大的叶子衬托着青枣般的果实，藤蔓缠绕的姿态非常生动。

杨旸　绘图

红腹角雉
Tragopan temminckii

中国是全球雉鸡资源最为丰富的国家，雉鸡种数居世界第一，从西部荒芜的戈壁到南部炎热的雨林都有雉鸡栖息，可惜除了环颈雉以外，大多数雉鸡类并不为大众所知。希望通过中国雉鸡系类的绘画，可以让更多的朋友了解中国雉鸡的美丽和多样性。

勺鸡 *Pucrasia macrolopha*

杨旸　绘图

叶彩华（桐花桐子） 绘图

金樱子 *Rosa laevigata*

蔷薇科蔷薇属，花单生于叶腋，花梗和萼筒密被腺毛，花瓣白色，雄蕊多。金樱子是大别山区常见的野花，现在山野因为进去的人少而越发荒芜，它们成片成片地生长，大朵白花开成一片，很壮美，震撼人心。金樱子的果实像个小葫芦，虽然上面密被小刺，但因为秋天成熟后有甜味，童年时每年秋天都会摘下来除刺食用。

卷丹 *Lilium lancifolium*

百合科百合属。红色的花被片非常大，向后卷曲，花被片上还有许多斑点。最奇妙的是叶腋处有黑色的小豆豆，后来才知道是珠芽，可以像种子一样用来繁殖。

叶彩华（桐花桐子） 绘图

芫花 *Daphne genkwa*

瑞香科瑞香属。2020年春节新冠病毒肆虐，黄冈解封之时春天已经过半。一解封就迫不及待地去山上看花。那时大别山正是芫花盛开的季节，经历了疫情，能重新回归生活，看到满山美丽的小紫花，感到莫大的幸福，领悟到平常就是幸福！创作于2020年3月。

叶彩华（桐花桐子） 绘图

叶彩华（桐花桐子） 绘图

马兜铃 *Aristolochia debilis*

马兜铃科马兜铃属。第一次被它吸引是在后山看到它的果子，像一个挂兜，里面的种子都飞走了，只剩一个空空的挂兜在藤蔓上摇荡。6 月周末在县城边的一个堤岸上意外发现一大株正在开花的马兜铃，花儿非常特别，像一个个小号，深色的喇叭里明显有两块淡黄色的斑，招引着小蝇。喇叭管里全是刚毛，而且一律向内，小蝇进入之后不能出来，直至花朵授粉成功。马兜铃是灰绒凤蝶的寄主，其幼虫吃它的叶子长大。

叶彩华（桐花桐子） 绘图

栗 *Castanea mollissima*

壳斗科栗属，也叫板栗，是黄冈市罗田县的特产。每年的春末夏初，漫山遍野弥漫着板栗花香。打板栗的活动从秋初持续到秋末，各地的板栗商都到罗田收板栗，本地人也向客居他乡的罗田人寄板栗。打板栗、吃板栗是罗田人独特的记忆。

直立婆婆纳 *Veronica arvensis*

车前科婆婆纳属，茎直立，花朵呈蓝色，很小，细看却十分可爱。在路边或公园草地上总能看见它的身影。花语为“健康”。水彩加彩铅绘制。

余汇芸（新安鱼） 绘图

木芙蓉 *Hibiscus mutabilis*

锦葵科木槿属，又名芙蓉花、拒霜花。花语为“纤细之美”，色一日三变，十分有趣。作品绘制的是上午十点左右的单瓣木芙蓉，花色呈浅粉色，如少女般娇媚。水彩加彩铅绘制。

余汇芸（新安鱼） 绘图

雪滴花 *Galanthus nivalis*

石蒜科雪滴花属，也叫铃兰水仙。耐寒，花色纯白，花瓣外侧顶部有绿色斑块，清秀雅致，惹人怜爱。花语是“希望”。作品绘制的是自家所种的雪滴花。彩铅绘制。

余汇芸（新安鱼） 绘图

余汇芸（新安鱼） 绘图

凌霄 *Campsis grandiflora*

紫葳科凌霄属。徽州人喜植凌霄，每到夏季，总能看见橘红色花朵盛开在古民居的白墙黑瓦间。凌霄花一直被视为志存高远的象征，我也喜欢它虽柔弱却努力向上的执着。水彩加彩铅绘制。

曾刚　绘图

选取若干常见陆禽（毛腿沙鸡、日本鹌鹑、灰斑鸠、灰胸竹鸡、斑翅山鹑等），以电脑手绘方式制作的鸟类科普小海报。

曾刚　绘图

选取若干常见猛禽（黑翅鸢、凤头鹰、长尾林鸮、猎隼、鹗、毛脚鵟、虎头海雕等），以电脑手绘方式制作的鸟类科普小海报。

曾刚　绘图

选取若干常见鸣禽（画眉、金翅雀、褐柳莺、红尾伯劳、大山雀、金腰燕、蒙古百灵、喜鹊、黑枕黄鹂等），以电脑手绘方式制作的鸟类科普小海报。

曾刚　绘图

选取若干常见攀禽（戴胜、蓝喉蜂虎、白背啄木鸟、普通夜鹰、红翅凤头鹃等），以电脑手绘方式制作的鸟类科普小海报。

曾刚　绘图

选取若干常见涉禽（黑鹳、灰鹤、灰头麦鸡、水雉、黑翅长脚鹬、白琵鹭等），以电脑手绘方式制作的鸟类科普小海报。

曾刚　绘图

选取若干常见游禽（灰雁、罗纹鸭、小天鹅、小鸊鷉、普通鸬鹚、普通海鸥等），以电脑手绘方式制作的鸟类科普小海报。

以下均由曾刚绘图

泽陆蛙
Fejervarya multistriata

中国南方的常见蛙类，分布广，从沿海平原、丘陵地区至海拔 1700 米左右的山区都能见到它的踪迹。

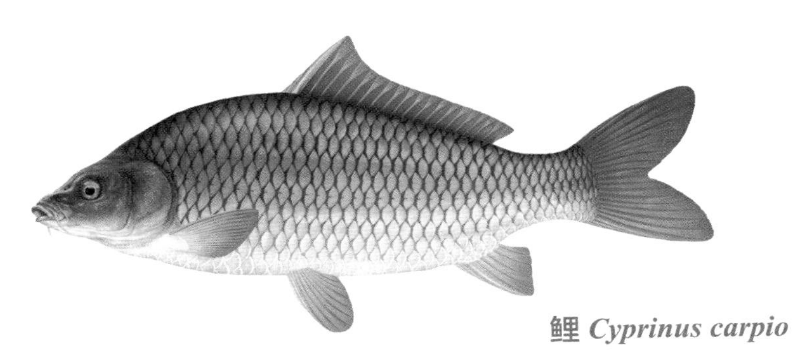

鲤 ***Cyprinus carpio***

中国分布最广泛的鲤属物种。鲤不单是一种鱼，也是传承中国五千年文化的载体，鲤有着富裕、吉庆、幸运等美好的寓意。

卡通鱼

以卡通手法绘制了四种典型的长江鱼类，并根据此造型制作成四款金属徽章：团头鲂 /“富甲一鲂”、河鲀 /“气鲀山河”、中华鲟 /“非比鲟常”、鲫 /“万事大鲫”。

曾刚　绘图

菜场里的鱼

身边常见的食用鱼类，以写实的方式用电脑彩绘而成。包括鲤、鲫、罗非鱼、草鱼、乌鳢、鳙、鳜、鲈鱼。

张国刚　绘图

大别山某吻虾虎鱼 *Rhinogobius* sp.

我国山区溪流中常见的一种吻虾虎鱼，具体种不详，在大别山北面的河流源头处采集。流域中仅分布一种吻虾虎鱼。根据鱼龄挑选采集了数尾，可以看到雄鱼从幼年期到壮年期的形态变化，主要体现在斑纹色泽以及头吻部。进入成年期，雄鱼的斑纹色泽变得显著，唇部和脸腮部肿胀隆起。到了壮年期，色泽对比更加明显。背部上方纹样变浅，加强了上下的对比，但整个形态在吻虾虎鱼中属于较为低调的一种。感觉越往南，吻虾虎鱼的体色越鲜艳强烈。成年后嘴角末端有一抹橘色极为显眼，会一直保留。

张国刚 绘图

粗须白甲鱼 *Onychostoma barbata*

西南山区河流中较为常见的一种活跃鱼类。采集于张家界风景区的溪流中。因景区保护，溪流中鱼的总量还不错。粗须白甲鱼在溪流底部的卵石丛中穿梭，反应灵活，游速极快。从嘴型以及短须来看，是水中积极的觅食者，幼年期以集群的方式在水域浅滩活动。成年后身躯中间开始显现出一条横纹，而且会越来越显著。成年后体色还会形成对比，上暖下冷，横纹的上方还会有一条浅黄色的区域，在一定的光线下会泛出金属光泽。鱼鳍发达，成年后末梢泛红色。

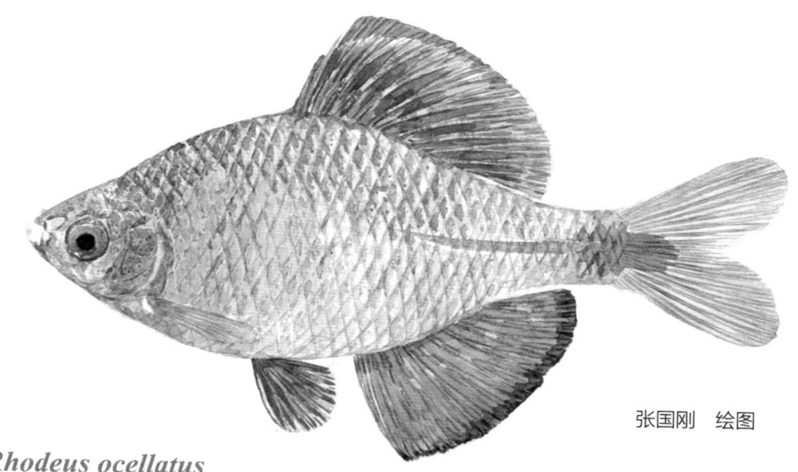

张国刚 绘图

高体鳑鲏 *Rhodeus ocellatus*

我国淡水中分布最广的鳑鲏。采集于荆门漳河流域的山间溪流中，其间并无其他鳑鲏鱼与之共生。这种生活在溪流中的鳑鲏体长 4.5 厘米左右，明显小于大水域中的高体鳑鲏。高体鳑鲏背部前端常见的蓝绿金属色在它们身上也不是很明显。雄性发色后，臀鳍的红色极其夸张，几乎超过了我们对高体鳑鲏的想象。

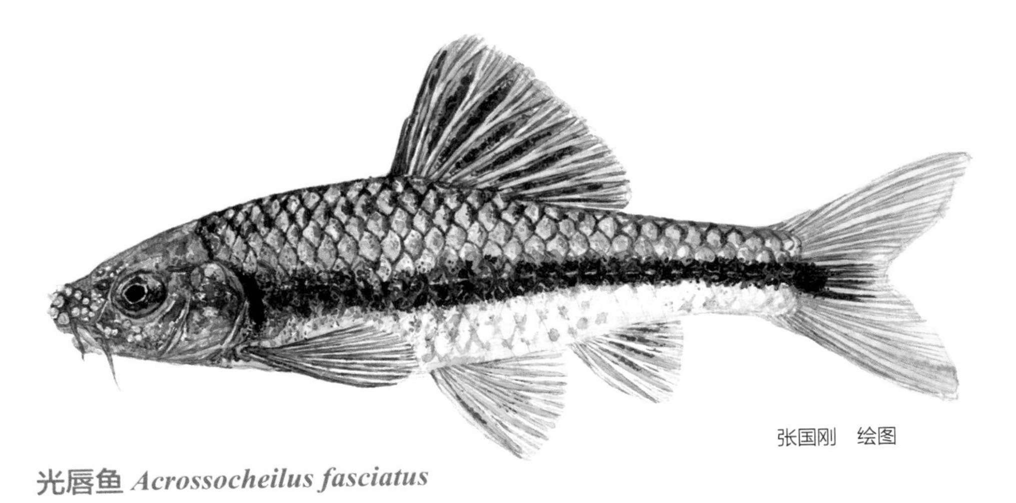

张国刚　绘图

光唇鱼 *Acrossocheilus fasciatus*

我国山区河流中较为常见的小型鱼类。各地分化出不同的具体种属，算是我国小型淡水鱼中家族成员较多的族群。有意思的是这些光唇鱼在幼年期相似度极高，身披的斑马条纹是最显著的标识。它们常聚集在山谷溪流浅滩处的卵石堆中，一旦成年，就会逐渐转移到河流下较深处的石缝间，而且极为警觉，较难被人发觉。水边熟知它们的人给它们取了较为统一好记的名字——淡水石斑鱼。其实不同种的光唇鱼之间有很大的差异。在雄性的光唇鱼身上，我们熟知的竖条纹被一条极为显著、贯穿头尾的横纹所代替，本来就泛青的身躯由于腹部猩红而显得异常醒目。这缕猩红同时侵染了胸鳍、腹鳍、臀鳍和背鳍，背部的青绿则成为尾鳍的色彩选项，如此配色让整尾鱼神采不凡。同时壮年期的雄性荷尔蒙冲击着身躯，在其吻部周围以珠星的方式绽放出来，一颗颗由角质组成、如同狼牙棒般的构造，显示出雄性的张力，凑近仔细观察，珠星结构清晰可辨。

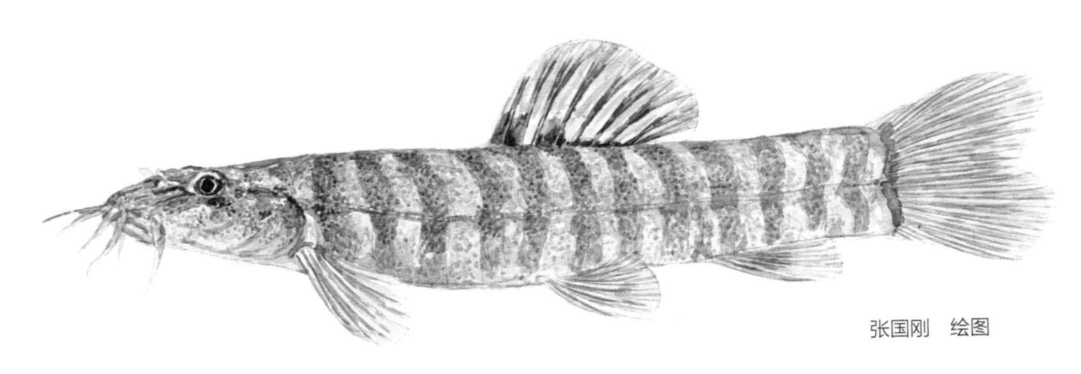

张国刚　绘图

横纹南鳅 *Schistura fasciolata*

南鳅是一个较大的类群，归在条鳅科中，也是我国淡水鲤形目中较为常见的小型淡水鱼。它们分布在我国南方山区的溪流中，都是营底层生活，游泳能力一般，所以尾鳍显示为浅叉尾的状态。杂食性，采取投机型的觅食方式，较为发达下垂的触须能让它们更高效地捕捉水中食物的信息。横纹南鳅是南鳅中常见的种类，较为规则地遍布周身的条状带纹是其名称的来由。绘制的标本来自漓江干流，与其他底层鳅类生活于同一生境中。

张国刚　绘图

美丽沙鳅 *Botia pulchra*

沙鳅类是花鳅科里较易辨识的一类，绝大部分生活在河流的底层，拥有较好的游泳能力。尖吻带须的头部以及分叉的尾鳍，与花鳅科的其他成员有明显的区别。其色泽和斑纹模式也与花鳅科其他类别有很大的不同。它们大部分属于较为积极的觅食主义者，以水底小型无脊椎动物为食，也不拒绝任何送上门来的肉食，所以在水底移动较为迅捷。美丽沙鳅是南方山区河流中常见的沙鳅类。绘制的标本采集于漓江干流中，它的外形在沙鳅中很具有代表性，泛紫的冷深色，再加上遍布全身的不规则淡黄色细条纹，对比强烈。

张国刚　绘图

丝鳍吻虾虎鱼 *Rhinogobius filamentosus*

淡水虾虎鱼在我国很常见，特别是山谷丘陵地区的河流中，不仅种群数量大，而且分化出很多种属，各地都有独具特色的地域性种属。水下环境较好的地方，同一流域内会有几种淡水虾虎鱼共生。丝鳍吻虾虎鱼属于分布于南方的淡水虾虎鱼，体形中等，成年体长十几厘米，背鳍拉长的第四根鳍条是其中文名的由来，颜面部的网状纹饰亦是其重要的形态特征。绘制的标本来自广西漓江的支流，紧挨着繁华的风景区，只是由于河床底部的卵石为泥沙所覆盖，河岸两边修筑的石岸给了这些虾虎鱼一丝喘息的机会。在远离喧嚣的支流上游，应该能支撑起大种群虾虎鱼的繁衍生息。

越南鱊 *Acheilognathus tonkinensis*

鱊亚科是很常见的小型淡水鱼族群，依据侧线的不同分成了鱊属和鳑鲏属。通常情况下统称为鳑鲏，以至于知晓鱊这个称呼的人很少。其实在鱊亚科中，侧线完整的鱊属成员占据了很重要的比重。越南鱊是其中较为常见的一种，广布于南方河流中，体形较大。描绘的这尾采集于漓江支流，为溪流中的优势鱼种。一般情况下，鱊亚科会好几种共生，从小型、中型到大型的三四种鱊属或者鳑鲏属各自占据着相应的生态位。在漓江的这条支流只见越南鱊以及极少量广西鱊。越南鱊的发色在鱊类中算是较为艳丽的，背部的蓝和胸部的红形成对比，在鱊类中实属突出。背鳍以及腹鳍和臀鳍的纹饰也很吸引眼球。与鳑鲏属不同，鱊属的很多成员吻部带须，越南鱊亦有一对短须。

张国刚　绘图

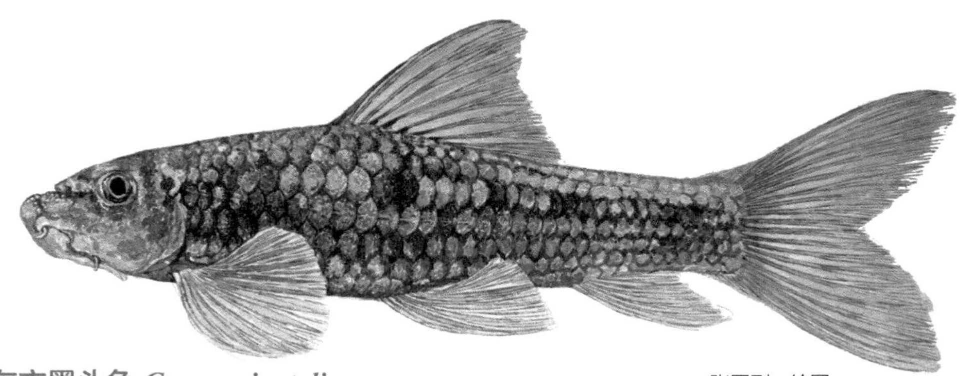

张国刚　绘图

东方墨头鱼 *Garra orientalis*

野鲮亚科是我国南方山谷激流中较常见的一个类别，长期的激流生活让它们的身体构造极度适应那里的环境。圆滚而粗壮有力的身躯，发达的鱼鳍系统，是它们用力量对抗水流的一种表现。身体较为肥硕，意味着体内油脂含量较高，这是在常年水温偏低、食物相对匮乏的山谷激流生活所必需的。而吻部下方的吸盘结构，让它们能自如地停留或穿梭于水底卵石之间。东方墨头鱼是其中最引人瞩目的代表，相比家族其他成员，它们显得更加粗短、壮硕有力。与其他野鲮亚科真正区分开来的特征则在于其头部构造。墨头鱼进入成年期后，吻部上方的鼻腔部分开始异化，会逐渐向下方塌陷，最后形成一个空洞构造，而周围则布满了角质形成的珠星，怪异的视觉效果给初识者较强的震撼，由此它们也被安上了“狮头鱼”的名号。东方墨头鱼体长能达 20 厘米，这在野鲮类中算是大个头了。以水彩绘制的这尾，体长还未超过 10 厘米，处于亚成年期，正在度过它的少年时光。不过其鼻吻部塌陷模式按键已经开启，野鲮类独特的显色方式也表露无遗，侧线上方以少量点状显现的橘色在整体冷绿的基调下泛着夺目的光芒，与其红眼相辉映。

华南可爱花

Eranthemum austrosinense

爵床科喜花草属多年生草本，产广东、广西、贵州、云南。耐荫性好，为优良林下地被植物选材，亦可用于庭院观赏；入药，用于治疗风湿关节痛、骨痛等。花期1~4月。叶片长椭圆形。穗状花序，苞片排成覆瓦状，稍疏松，具绿白相间的脉纹，花高脚碟状，花蓝色至蓝紫色，雄蕊、花柱稍伸出，状如清新秀丽的俏佳人。

张雅慧　绘图

喜花草

Eranthemum pulchellum

爵床科喜花草属多年生草本至亚灌木，通常也称“可爱花”。在华南地区四季常绿，露地栽培也可以正常越冬。在林下、林缘和路边的空地都可种植，表现出很好的适应性。深邃的蓝紫色花朵如绸缎般展开，几十朵小花簇拥着开放，煞是明媚动人。春末时，它开始萌蘖、焕发新一轮生机；夏日里，它枝叶繁茂；秋日里，不见凋零，反而在枝顶抽出一个个花序；最美的是冬季至初春的开花时节，越是百花稀少，它越将满腔芳华绽放。

张雅慧　绘图

张雅慧　绘图

象牙虎头兰 *Cymbidium traceyanum* × *C. eburenеum*

象牙虎头兰是华南植物园自主培育的优良观赏兰花品种，由西藏虎头兰和象牙白杂交而来。其株型大，叶长可达 1 米，质地轻柔，款款下垂，姿态甚为飘逸。花茎粗壮，高出植株，有傲然直立模样。花蕾顶端甚尖而弯曲，如古代少数民族狼牙状的配饰。花多而大，花冠直径可达 10 厘米，花瓣象牙白色，略显淡绿，隐约有棕红色条纹。其花远观确有霸气十足的虎头的形象，近看则高贵典雅而不容亵玩。象牙虎头兰花期甚长，可以从春节前持续到元宵佳节之后，长达一个月。

春兰（*Cymbidium goeringii*）“汉宫碧玉”品种

春兰是中国栽培历史最悠久、人们最喜欢的兰花种类之一。整体花形大，花朵工整，花品稳定。而品种“汉宫碧玉”株型紧凑，叶姿斜立。叶片硬糯有光泽，缘齿细，叶面较为平展，叶尖钝，色翠绿。花艺，荷形素，平肩或微落，剪刀捧心合抱蕊柱，铺舌洁白反卷，花守直径达 7~8 厘米。花色洁白中透出瓣端的丝丝绿意，有淡淡幽香，为第 29 届中国兰花博览会的银奖获得者，是西部春兰中不可多得的荷形素传世之上品。

张雅慧　绘图

红花绿绒蒿 *Meconopsis punicea*

张一　绘图

红花绿绒蒿为中国特有种，植株密被茸毛，修长伸展的花莛上单生一朵俯垂的红花。分布于四川西部、西藏东部、甘肃南部、青海东南部，在海拔 2800~4300 米的山坡草地和流石滩上成片生长。作为一种适应寒冷的植物，它是山区气候变化的指示物。红花绿绒蒿既是访花昆虫的蜜源，又为它们在严酷的高山环境中提供庇护。它与多种植物构成高山草甸，支撑了当地的生物多样性。1903 年英国人威尔逊（Ernest Henry Wilson）在四川松潘县发现红花绿绒蒿，并将该植物引种到欧洲和北美的花园。

作品从构思到完成历时近三个月，其间三次前往汶川巴朗山海拔 2900~4500 米处观察、记录。尝试了针管笔、透明水彩和彩色铅笔的综合表现，着力刻画植物的花刚开放和完全开放时的不同状态、花瓣在萼片包覆下的褶皱状态，以及如同被手揉过的丝绸般的质感，并注意呈现正红色中带有品红的花色。也清晰地表现了叶全部基生和莲座状的形态。

此外，绘出了同群落的三种植物（垫状点地梅、全缘叶绿绒蒿、驴蹄草）和巴朗山的碎石、积雪的山峰，使观者能够直观感受到红花绿绒蒿所处高山流石滩的严酷生境，慨叹造物的神奇和植物顽强的生命力。

赵宏　绘图

黄菖蒲 *Iris pseudacorus*

鸢尾科鸢尾属多年生水生或湿生草本，是少有的兼具水生和陆生习性的观赏花卉，也是重要的水体景观植物材料。黄菖蒲花色艳黄，花姿秀美，花瓣状的花柱分枝伫立花心，颇显妩媚；花柱分枝背面暗藏的雄蕊，和花瓣上炫耀的条纹状指示斑显示出植物深藏不露的智慧。作品取材于山东大学威海校园文馨湖浮岛，通过对植物生境、形态的野外观察和对植物生殖器官的微距拍摄以及精细解剖，精准表达物种的形态和结构特点。在创作过程中，结合《中国植物志》对物种的描述，将植物不同角度、大小尺度和不同部位的图像集中于一幅图中，表现其最重要的细节和分类特征。并按照植物科学画的绘图法则进行艺术处理，对一些在分类学上有重要意义的器官和结构进行局部放大、突出重点。作品采用色彩明快的水彩颜料以突出其特点。

赵宏　绘图

青岛百合 *Lilium tsingtauense*

青岛百合为百合科百合属多年生林下植物，又称崂山百合，1897 年德国植物学家在小青岛发现，1904 年命名。植株形态秀美，花姿俊雅，花色橙黄，花被釉亮，下部叶片轮生，极具观赏价值。由于人为影响，种群数量骤减，现以列为中国二级保护植物和世界自然保护联盟濒危物种。国内主要分布于崂山。作品取材于青岛崂山北九水。经野外观察和拍摄，以及对器官的精细解剖，作品凸显出植物植株形态特点和花被质感，同时绘制其鳞茎、雌雄蕊，以及子房形态和子房横切图，以显示其中轴胎座式。

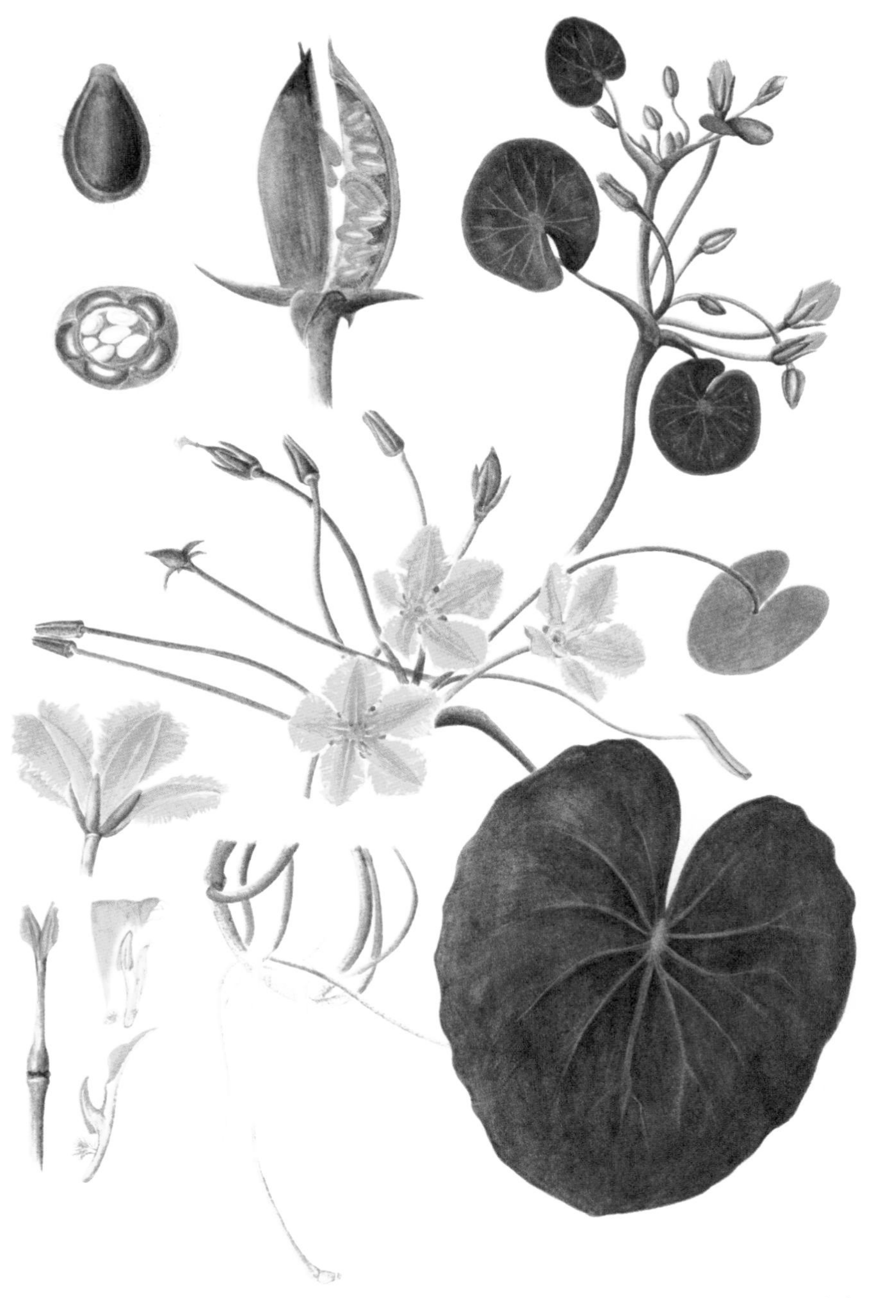

赵宏　绘图

鹿蹄草 *Pyrola calliantha*

杜鹃花科鹿蹄草属，为林下常绿草本状小亚灌木。鹿蹄草叶革质，近圆形，形似鹿蹄，全草入药。花虽小，但结构充满智慧。为避免自花授粉，花药有小角的10枚雄蕊与雌蕊异熟，雌蕊长于雄蕊，并且花柱弯向一侧。作品素材来自山东昆嵛山国家级自然保护区，通过墨线图的形式清晰展现植株的形态、单花形态、花的离析、花纵切、雌雄蕊形态、蒴果形态、子房横切面（示中轴胎座）和种子结构等。

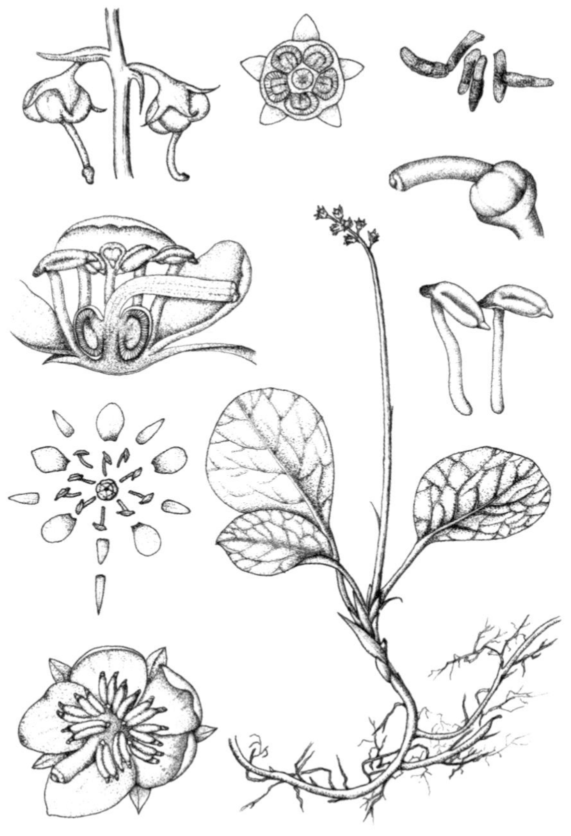

荇菜 *Nymphoides peltata*

睡菜科荇菜属多年生水生草本。叶片形似睡莲，漂浮水面，小巧别致。鲜黄色花朵挺出水面，花多且花期长，是庭院点缀水体景观的佳品。荇菜也见于《诗经》，有“参差荇菜，左右流之，窈窕淑女，寤寐求之”之佳句。作品取材于微山湖，经野外观察写生、图片拍摄和对植物重要器官结构的精细解剖，绘制了植株形态，凸显叶形和花之形态，同时绘制了水下根茎形态、花侧面（示花冠和花萼形态）、雌雄蕊结构、蒴果开裂、子房横切面和种子等。

赵宏　绘图

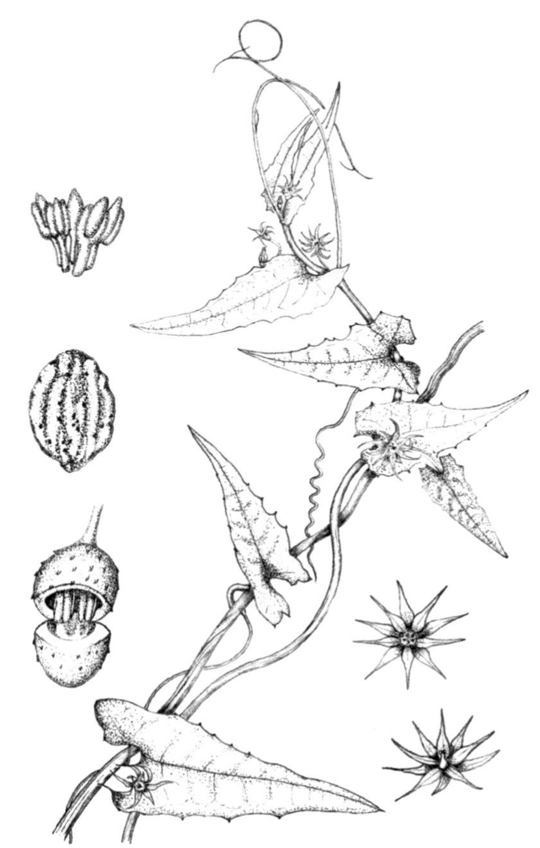

盒子草 *Actinostemma tenerum*

葫芦科盒子草属水生或湿生攀缘性草本。花单性，雌雄同株。蒴果卵形，成熟后像小盒子一样从中部横裂，散发种子，颇具特点。作品取材于山东省海阳市河流水域。以墨线图形式绘制其植株形态、雌雄花形态、蒴果横裂状态和种子形态。

赵宏　绘图

葡萄 *Vitis vinifera*

这幅画是专门针对叶子画法的一次练习，为了有足够的空间来刻画细节，（原作）尺寸大约是实际叶子的两倍。选取的是在变色阶段的叶子，颜色非常丰富，主要有黄色、绿色和深红色三种颜色。绘画时，梳理出颜色的深浅关系，由浅入深逐层加重，后面的叶子相对简化，区分出明暗关系。

赵莹　绘图

蛇藨筋 *Rubus cochinchinensis*

蔷薇科悬钩子属，俗名黑莓。画面着力表现两点：一个是果实的质感，另一个是叶子的质感。这幅画也是将尺幅放大到实际物体的两倍以上，以便深入刻画细节。绘画过程中，既要考虑质感，又要注意光线的表达，比如叶子上有强光的照射，会有很明确的光影边界，这时就要同时考虑叶子本身的结构。

赵莹　绘图

赵莹　绘图

大丽花 *Dahlia pinnata*

大丽花花瓣的层层叠叠和颜色变化，对于绘画者来说很具有挑战性。这幅画选取了花头、枝叶和花苞三个部分的组合。构图形式选用横向，三种形态相互遮挡，产生一定联系。花瓣的颜色很有特点，根部到尖部由黄绿色过渡到浅黄色，再到浅红色，最终到紫红色，每一片都需要花费时间来渲染完成。

红苞闭鞘姜 *Chamaecostus curcumoides*

写生于西双版纳植物园。

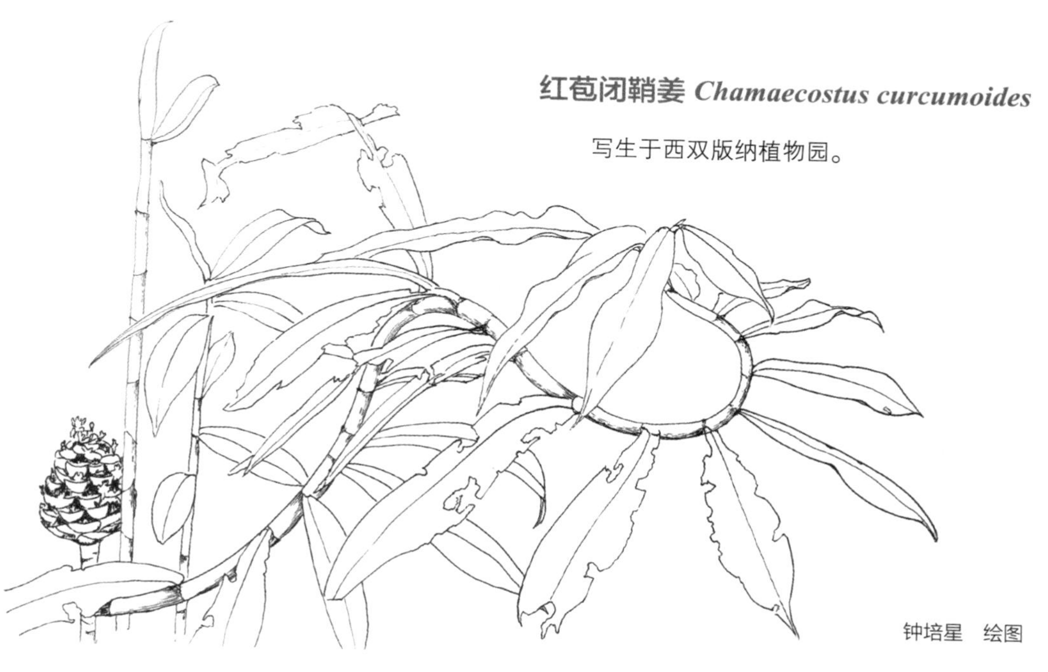

钟培星　绘图

钟培星　绘图

胡颓子 *Elaeagnus pungens*

胡颓子科胡颓子属，别名半含春。《本草纲目》云：“叶微似棠梨，长狭而尖，面青背白，俱有细点如星，老则星起如麸，经冬不凋。春前生花朵如丁香，蒂极细，倒垂，正月乃敷白花。结实小长，俨如山茱萸，上亦有细星斑点，生青熟红，立夏前采食，酸涩。核亦如山茱萸，但有八棱，软而不坚。核内白绵如丝，中有小仁。”胡颓子叶具有止咳平喘、止血、解毒的功效，为中成药海珠喘息定片等的主要原料。

钟培星　绘图

掌叶鱼黄草 *Merremia vitifolia*

旋花科鱼黄草属，又名毛牵牛。缠绕或平卧草本，常生长在路旁、灌丛或林中。分布于广西、云南、广东等地。可用于治疗淋证和胃脘痛，也是植被恢复常用的理想植物。

钟培星　绘图

平菇 *Pleurotus ostreatus*

根据自己生料栽培的平菇所绘。

钟培星　绘图

多彩的菌物

用钢笔画的形式描绘了笼头菌、马鞍菌、木蹄层孔菌、鸟巢菌、隐孔菌、耳匙菌、兔耳菌、地星、鬼笔等菌物，展示了外形多样的菌物。

索 引

陈东竹 001−003
石榴 *Punica granatum* 001
苦瓜 *Momordica charantia* 002
芍药 *Paeonia lactiflora* 003
陈海瑶 004
油桐 *Vernicia fordii* 004
陈丽（地衣） 005−006
羽扇豆 *Lupinus micranthus* 005
双叉犀金龟 *Allomyrina dichotoma* 006
陈丽芳（拾落） 007−013
“飞翔天橙”百合
Lilium brownii var. *viridulum* 007
齿叶灯台报春 *Primula serratifolia* 008
中国旌节花 *Stachyurus chinensis* 009
天麻 *Gastrodia elata* 009
野果 010
长蕊万寿竹 *Disporum longistylum* 011
绿海龟 011
珍稀与珍惜 012−013
陈梦澜 014−018
台湾林鸲 *Tarsiger johnstoniae* 014
“夏洛特夫人” 014
高原山鹑 *Perdix hodgsoniae* 015
台北杜鹃 *Rhododendron kanehirae* 015
黑鸢 *Milvus migrans* 016
蓝鹇 *Lophura swinhoii* 016
雉鸡 *Phasianus colchicus* 016
怀氏虎鸫 *Zoothera aurea* 017
灰翅鸫 *Turdus boulboul* 017
多姿麝凤蝶 *Byasa polyeuctes* 018
陈钰洁 018−022
六角莲 *Dysosma pleiantha* 018
杭州石荠苎 *Mosla hangchowensis* 019
油点草 *Tricyrtis macropoda* 020
玫瑰 *Rosa rugosa* 020
天目玉兰 *Yulania amoena* 021
夏蜡梅 *Calycanthus chinensis* 021
多齿红山茶 *Camellia polyodonta* 022
戴越 022−028
大王花 *Rafflesia arnoldii* 022
多刺绿绒蒿 *Meconopsis horridula* 023
金雕 *Aquila chrysaetos* 024
兔狲 *Otocolobus manul* 024
君主绢蝶 *Parnassius imperator* 025
水母雪兔子 *Saussurea medusa* 025
塔黄 *Rheum nobile* 026
仙客来 *Cyclamen persicum* 027
喜马拉雅旱獭 *Marmota himalayana* 027
猪笼草 *Nepenthes mirabilis* 028
党龙虎 029−032
大熊猫 *Ailuropoda malenoleuca* 029
花栗鼠 *Tamias* 029
秦岭羚牛 *Budorcas taxicolor bedfordi* 030−031
朱鹮 *Nipponia nippon* 032
野兔 *Lepus sinesis* 032
金丝猴 *Rhinopithecus* 032
董惠霞 033−035
铁筷子 *Helleborus thibetanus* 033
双花报春 *Primula diantha* 033
苣叶报春 *Primula sonchifolia* 034
草莓 *Fragaria×ananassa* 034
阳桃 *Averrhoa carambola* 034
苘麻 *Abutilon theophrasti* 035
葡萄 *Vitis vinifera* 035
胡冬梅 036−039
春石斛 *Dendrboium hybrid* 036
“蓝精灵”报春苣苔 *Primulina*

‘The Smurfs’ 036
油松 *Pinus tabuliformis* 037
油松雄花解剖图 038
油松雌花解剖图 038
银背柳 *Salix ernestii* 039
云南柳 *Salix cavaleriei* 039
黄智雯 040–042
紫苞芭蕉 *Musa ornata* 040
凤梨 *Ananas comosus* 041
荷花木兰 *Magnolia grandiflora* 041
芝麻 *Sesamum indicum* 041
长筒滨紫草 *Mertensia davurica* 042
杨山牡丹 *Paeonia ostii* 042
蒋正强（风暴云） 043–044
白头翁 *Pulsatilla chinensis* 043
川赤芍 *Paeonia veitchii* 044
山茱萸 *Cornus officinalis* 044
金冬梅 045
银杏物候期图 045
冷冰 045–047
长尾缝叶莺 *Orthotomus sutorius* 045
红黄鹅膏菌 *Amanita hemibapha* 046
翠金鹃 *Chrysococcyx maculatus* 047
朱背啄花鸟 *Dicaeum cruentatum* 047
北红尾鸲 *Phoenicurus auroreus* 047
李聪颖（颖儿） 048–050
莲 *Nelumbo nucifera* 048–049
槭叶铁线莲 *Clematis acerifolia* 050
果实 050
李娜（木青） 051–053
印象江南之樱花 051
印象江南之茶花 052
印象江南之鸢尾 052
印象江南之桃花 053
印象江南之木芙蓉 053
李涛 054
胭脂花 *Primula maximowiczii* 054
卷丹 *Lilium lancifolium* 054
李小东 055–058
粉扇月季与蝴蝶 055
昆虫集 056–057
连翘属植物 *Forsythia* 058
仙八色鸫 *Pitta nympha* 058
李亚亚 059–064
北方狭口蛙 *Kaloula borealis* 059
大云鳃金龟（云斑鳃金龟）
Polyphylla laticillio 059
黑蚱蝉（蚱蝉）*Cryptotympana atrara* 060
沼泽山雀 *Poecile palustris* 060
黑斑侧褶蛙 *Pelophylax nigromaculatus* 061
斑羚 *Naemorhedus goral* 061
野猪 *Sus scrofa* 062
豹猫 *Prionailurus bengalensis* 062
豺 *Cuon alpinus* 063
东北虎 *Panthera tigris altaica* 064
梁惠然 065–069
草莓生长图 065
黄色茄子 066
晚霞 066
莲蓬 067
自然随笔 067
向日葵 068
翡翠龙蜥 *Diploderma iadinum* 069
太平洋鹦哥 *Forpus coelestis* 069
廖熹琪 070–072
线柱兰 *Zeuxine strateumatica* 070
美丽异木棉 *Ceiba speciosa* 070
假连翘 *Duranta erecta* 071
三点金 *Grona triflorum* 071
紫薇 *Lagerstroemia indica* 072
大花紫薇 *Lagerstroemia speciosa* 072
刘兵 073–075
大葱 *Allium fistulosum var. giganteum* 073
蒜 *Allium sativum* 073
姜 *Zingiber officinale* 073
洋葱 *Allium cepa* 073
沙漠玫瑰 *Adenium obesum* 074
有柄石韦 *Pyrrosia petiolosa* 074
铁线莲属 *Clematis sp.* 075
刘恩辉 076–079
圣诞老人蜗牛 *Indrella ampulla* 076
美丽双壁藻 *Diploneis pue lla* 076
尖细异极藻 *Gomphonema acuminatum* 077
颗石藻 *Michaelsarsia elegans* 077

梅尼小环藻 *Cyclotella meneghiniana* 078
美丽星杆藻 *Asterionella formosa* 078
地黄 *Rehmannia glutinosa* 079
大花耧斗菜 *Aquilegia glandulosa* 079
卢铁英 080
皇冠贝母 *Fritillaria imperialis* 080
罗健才 081–085
中华眼镜蛇 *Naja atra* 081
黄链蛇 *Dinodon flavozonatum* 081
领雀嘴鹎 *Spizixos semitorques* 081
束带蛇 *Thamnophis sirtalis* 082
蛙冬眠 082
美洲黑熊 *Ursus americanus* 083
芒萁 *Dicranopteris pedata* 083
雕鸮 *Bubo bubo* 084
豹猫 *Prionailurus bengalensis* 085
花面狸 *Paguma larvata* 085
牛加翼 086–090
黑颈鹤 *Grus nigricollis* 086
雪豹 *Panthera uncia* 087
马麝 *Moschus chrysogaster* 087
石林地质系列（A、B、C） 088–089
北松鼠 *Sciurus vulgaris* 090
赤腹松鼠 *Callosciurus erythraeus* 090
岩松鼠 *Sciurotamias davidianuss* 090
珀氏长吻松鼠 *Dremomys pernyi* 090
花鼠 *Eutamias sibiricus* 090
花松鼠 *Tamiops* sp. 090
庞都都 090–091
三色堇 *Viola tricolor* 090
蓝色“lady” 091
豌豆 *Pisum sativum* 091
蒲公英 *Taraxacum mongolicum* 091
田震琼 092–098
白腹锦鸡 *Chrysolophus amherstiae* 092
灰叶猴 *Trachypithecus phayrei* 093
马缨杜鹃 *Rhododendron delavayi* 093
云南生物多样性全图 094–095
鸟殇 096
蓝玉簪龙胆 *Gentiana veitchiorum* 097
大白杜鹃 *Rhododendron decorum* 097
头花龙胆 *Gentiana cephalantha* 098
西南鸢尾 *Iris bulleyana* 098
杜鹃 *Rhododendron simsii* 098
万伟 099–102
红尾鸫 *Turdus naumanni* 099
藏狐 *Vulpes ferrilata* 099
纵纹腹小鸮 *Athene noctua* 100
槲鸫 *Turdus viscivorus* 100
凤头䴙䴘 *Podiceps cristatus* 100，101
白头硬尾鸭 *Oxyura leucocephala* 101
麻雀 *Passer montanus* 101
家燕 *Hirundo rustica* 102
长耳鸮 *Asio otus* 102
汪敏 103–105
紫色沼泽鸡 *Porphyrio porphyrio* 103
红脸地犀鸟 *Bucorvus leadbeateri* 103
藏马鸡 *Crossoptilon harmani* 104
褐鹈鹕 *Pelecanus occidentalis* 104
巨鹭 *Ardea goliath* 104
豆雁 *Anser fabalis* 105
啸鹭 *Syrigma sibilatrix* 105
游隼 *Falco peregrinus* 105
王澄澄 106–107
令箭荷花 *Nopalxochia ackermannii* 106
美人蕉 *Canna indica* 106
芭蕉 *Musa basjoo* 106
二乔玉兰 *Yulania × soulangeana* 107
王琴 107–111
华山松 *Pinus armandii* 107
绿头鸭 *Anas platyrhynchos* 108
蔬果 108
莲 *Nelumbo nucifera* 109
石榴 *Punica granatum* 109
水杉 *Metasequoia glyptostroboides* 110
榧 *Torreya grandis* 110
乌桕大蚕蛾 *Attacus atlas* 111
春兰 *Cymbidium goeringii* 111
鬼吹箫 *Leycesteria formosa* 111
王晓东 112–115
多鳃鱼复原图 112
广卫虾复原图 112
林乔利虫复原图 112
南疆莱德利基虫复原图 113

玺螺蛳化石未定种复原图 113
中间型古莱德利基虫复原图 113
永川龙之巨龙崛起 114
螺蛳化石素描 115
王浥尘 116–119
中华猕猴桃 *Actinidia chinensis* 116
匍茎卷瓣兰 *Bulbophyllum emarginatum* 117
马兜铃 *Aristolochia debilis* 117
珙桐 *Davidia involucrata* 117
伯乐树 *Bretschneidera sinensis* 118
花榈木 *Ormosia henryi* 118
血红肉果兰 *Cyrtosia septentrionalis* 118
显脉金花茶 *Camellia euphlebia* 119
台湾独蒜兰 *Pleione formosana* 119
夏蜡梅 *Calycanthus chinensis* 119
吴秦昌 120–122
槭叶铁线莲 *Clematis acerifolia* 120
独根草 *Oresitrophe rupifraga* 121
房山紫堇 *Corydalis fangshanensis* 122
吴秀珍（出离） 123–125
飞鸭兰 *Caleana major* 123
石韦 *Pyrrosia lingua* 123
中国无忧花 *Saraca dives* 124
槲蕨 *Drynaria roosii* 124
玉带凤蝶 *Papilio polytes* 124
葫芦藓 *Funaria hygrometrica* 125
熊黎洁 125
杂交蝴蝶兰 *Phalaenopsis hybrid* 125
徐榕泽（芥末） 126
马卡龙重瓣绣球 126
秋色重瓣绣球 126
蓝色爆米花绣球 126
许宁 127–130
肖氏乌叶猴 *Trachypithecus shortridgei* 127
黑叶猴 *Trachypithecus francoisi* 128
喜山长尾叶猴 *Semnopithecus schistaceus* 129
印度乌叶猴 *Trachypithecus johnii* 130
荀一乔 131–134
凤眼莲 *Eichhornia crassipes* 131
羊踯躅 *Rhododendron molle* 131
相思子 *Abrus precatorius* 132
半夏 *Pinellia ternata* 132
商陆 *Phytolacca acinosa* 132
石蒜 *Lycoris radiata* 133
美女樱 *Glandularia × hybrida* 133
韩信草 *Scutellaria indica* 134
蓬蘽 *Rubus hirsutus* 134
严岚 135–137
山野里的小植物 135
圆叶汉克苣苔 *Henckelia dielsii* 135
半月形铁线蕨 *Adiantum philippense* 135
齿瓣虎耳草 *Saxifraga fortunei* 135
秋海棠属植物 *Bagonia* sp. 135
水鳖蕨 *Asplenium delavayi* 135
矛叶荩草 *Arthraxon lanceolatus* 135
月季“波列罗舞”Rosa Floribunda ‘Bolero’ 136
东亚蝴蝶兰 *Phalaenopsis subparishii* 137
阎菁菁（三月草） 138
黑麦草 *Lolium perenne* 138
杨绮 139–142
菊花“虎头” 139
三千岁寿柏：“九搂十八杈” 140
槐柏合抱 141
软枣猕猴桃 142
杨胤 143
红腹角雉 *Tragopan temminckii* 143
勺鸡 *Pucrasia macrolopha* 143
叶彩华（桐花桐子） 144–146
金樱子 *Rosa laevigata* 144
卷丹 *Lilium lancifolium* 145
芫花 *Daphne genkwa* 145
马兜铃 *Aristolochia debilis* 146
栗 *Castanea mollissima* 146
余汇芸（新安鱼） 147–148
直立婆婆纳 *Veronica arvensis* 147
木芙蓉 *Hibiscus mutabilis* 147
雪滴花 *Galanthus nivalis* 148
凌霄 *Campsis grandiflora* 148
曾刚 149–156
陆禽 149
猛禽 150
鸣禽 151

攀禽 152
涉禽 153
游禽 154
泽陆蛙 *Fejervarya multistriata* 155
卡通鱼 155
鲤 *Cyprinus carpio* 155
菜场里的鱼 156
张国刚 157–161
大别山某吻虾虎鱼 *Rhinogobius sp.* 157
粗须白甲鱼 *Onychostoma barbata* 158
高体鳑鲏 *Rhodeus ocellatus* 158
光唇鱼 *Acrossocheilus fasciatus* 159
横纹南鳅 *Schistura fasciolata* 159
丝鳍吻虾虎鱼 *Rhinogobius filamentosus* 160
美丽沙鳅 *Botia pulchra* 160
越南鱊 *Acheilognathus tonkinensis* 161
东方墨头鱼 *Garra orientalis* 161
张雅慧 162–163
华南可爱花 *Eranthemum austrosinense* 162
喜花草 *Eranthemum pulchellum* 162
象牙虎头兰 *Cymbidium traceyanum* × *C. ebureneum* 163
春兰（*Cymbidium goeringii*）“汉宫碧玉”品种 163
张一 164
红花绿绒蒿 *Meconopsis punicea* 164
赵宏 165–168
黄菖蒲 *Iris pseudacorus* 165
青岛百合 *Lilium tsingtauense* 166
鹿蹄草 *Pyrola calliantha* 167
荇菜 *Nymphoides peltata* 168
盒子草 *Actinostemma tenerum* 168
赵莹 169–170
葡萄 *Vitis vinifera* 169
蛇藨筋 *Rubus cochinchinensis* 169
大丽花 *Dahlia pinnata* 170
钟培星 170–173
红苞闭鞘姜 *Chamaecostus curcumoides* 170
胡颓子 *Elaeagnus pungens* 171
掌叶鱼黄草 *Merremia vitifolia* 172
平菇 *Pleurotus ostreatus* 172
多彩的菌物 173